U0157709

儿童版

物理简史

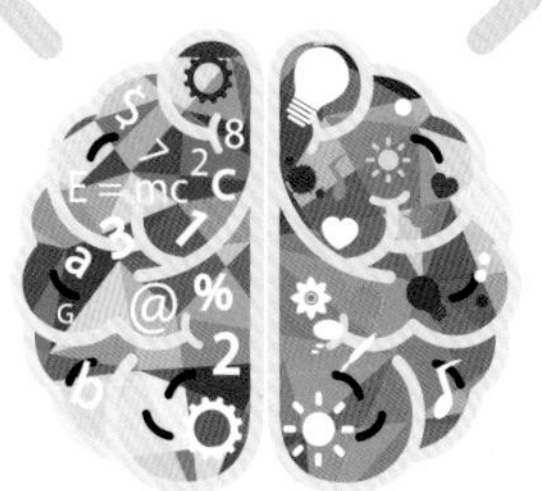

谢　普◎编著

北京工艺美术出版社

图书在版编目（CIP）数据

儿童版物理简史 / 谢普编著 . -- 北京 ： 北京工艺美术出版社，2023.11
ISBN 978-7-5140-2698-6

Ⅰ . ①儿… Ⅱ . ①谢… Ⅲ . ①物理学史－儿童读物 Ⅳ . ① O4-09

中国国家版本馆 CIP 数据核字 (2023) 第 148588 号

出 版 人：陈高潮
责任编辑：秦德斌
装帧设计：郑金霞
责任印制：王　卓

法律顾问：北京恒理律师事务所　丁　玲　张馨瑜

儿童版物理简史

ERTONG BAN WULI JIANSHI

谢普　编著

出　版　北京工艺美术出版社
发　行　北京美联京工图书有限公司
地　址　北京市西城区北三环中路6号　京版大厦B座702室
邮　编　100120
电　话　(010) 58572763（总编室）
(010) 58572878（编辑室）
(010) 64280045（发　行）
传　真　(010) 64280045/58572763
网　址　www.gmcbs.cn
经　销　全国新华书店
印　刷　天津海德伟业印务有限公司
开　本　889 毫米 × 1194 毫米　1/16
印　张　8
字　数　140千字
版　次　2023年11月第1版
印　次　2023年11月第1次印刷
印　数　1～10000
定　价　158.00元

前 言

物理包罗万象，小至微尘，大至宇宙。自然界的美，就是物理的美。冬日凝结的雪花片，玲珑剔透的六角形，是物理呈现给我们的结构美；众恒星在熊熊的烈焰中相互排斥又相互吸引，徜徉在宇宙的长河中，是物理呈现给我们的力量美；七色的彩虹、雄伟的极光、色彩斑斓的光谱、玲珑剔透的晶体和变幻神奇的混沌和分形，无不冲击着我们的视觉，是物理呈现给我们的色彩美……

宇宙笼罩于一片迷雾之中，静待人们的发现。人类文明寻寻觅觅终得名为科学的钥匙，一代又一代科学家拨开云雾，负重前行。从古希腊时代泰勒斯仰观星空，到如今理论与实验的百花齐放；从原子的精细结构，到宇宙的形成演化论，物理学的发展一直不断推动着人类对自然的认识和社会的进步。

科学打开了人类的认知之门，科学的世界奇妙无穷，处处都有令人惊奇的神秘发现。有的貌似纷繁芜杂的现象，其背后隐藏的科学知识却是如此简单！有的貌似简单的现象，却蕴含着深奥的科学知识，甚至至今仍无法解释，甚至有许多物理学家认为理论物理学已经开始走入空想主义，“科学圣杯”距人类越发遥远。

尽管如此，无论是超弦理论，还是 M 理论，

FOREWORD

许多物理学家仍集中在前沿领地，用毕生的精力，投入宇宙星河的壮丽旋涡中。

让我们沿着物理学家先辈们的足迹，完成一段物理探路之旅，厘清物理学发展的历程，探索现代物理的发展方向。本书分为 7 大主题，层层推进，知识有序衔接，由经典物理过渡到近代物理。每个主题的内容既正向引导、由浅入深，又发散思考、互相关联，从一个又一个我们熟知的历史事件、自然有趣的话题谈起，用轻松、有趣的语言，运用物理学知识，向小读者们解释生活中那些常见的现象和事物。

本书有助于小读者开阔视野，学会灵活运用物理知识。我们希望可以引导读者主动学习、主动探究，从身边的事物、生活的经验着眼，观察物理现象、学习物理知识、探究物理的奥秘。

目录

WU LI JIAN SHI

第一章

丰富多彩的大千物质世界

认识物质：从不断的尝试开始

在“现代科学”出现之前，我们人类认识自然、利用自然是借助我们的感觉器官和大脑的“抽象思维”来进行的，一切未知的事物都被认为是神秘的，被历史记载的人物都是有探索精神的，不拘泥于传统，愿意不断地去尝试。

神农尝百草

远古时期，五谷和杂草长在一起，药材与百花开在一处，哪些植物可以当做粮食、哪些花草可以治病，谁也分不清。

伟大的神农氏看到了黎民百姓的疾苦，他下定决心要亲口尝遍各种野生植物的滋味。

之后，神农不顾危险，不停奔波，尝遍了天下的花花草草，脚步踏遍了神州大地。在尝百草的过程中，神农通过细心地观察发现，植物随季节变化而枯荣交替，以及不同的植物喜欢不同的土壤，于是他决定利用天气的变化和不同类型的土地，指导人们对植物进行人工培植，这样就可以有计划地收集果实种子。这就是我国农业的起源。

向大自然索取

古代因为生产力水平低，所以会有许多以采集和渔猎为生的百姓，他们当时已经学会利用一种物质的性质，获取自己想要的东西。

早在先秦时期，就有渔民使用毒草进行捕鱼活动。虽然使用这个方法可以有效提高捕鱼的成功率，但是食用过毒草的鱼体内会残留毒素，会对吃鱼的人产生危害。而且，在使用毒草捕鱼的过程中，水源也会沾染上毒性，常导致饮水之人中毒而亡，此类行为甚至持续到宋朝依然时有发生。

天外来客

一个偶然的机会，古人获得了一种神秘的物质。他们惊奇地发现，用这种物质来做兵器，竟然极其锋利，可以做到真正的削铁如泥、吹毛断发。当时的人们对这种物质并不了解，只知道这是一种无比珍贵的物质。

后来，科学家经过研究，才知道这是“陨铁”，不是地球上自行产生的一种东西，而是一位“天外来客”。因为它的铁含量极高，还含有各种各样的稀有元素，因此陨铁做成的刀剑锋利无比，而且非常坚硬。寻常的铁兵器压根不是它的对手，一碰就断了。

小链接

考古发现最早的小麦遗存，是在河姆渡遗址附近，距今大约五千年。到了距今约四千年的时候，在黄河下游龙山文化遗址，比如山东茌平教场铺、胶州赵家庄，也出土了大量的小麦标本。

被追捧的“甘露子”

古人很早就意识到了水的重要性，当时人们的水源就是附近的河流。而河流常被污染，能喝上一口安全的纯净水就显得尤为重要。通过观察，人们发现清晨植物上的“甘露”，与平时常喝的水不同。“甘露”是那样清透，而且喝起来有一股甜香味。

于是，人们热衷于收集“甘露”，并把它视为十分贵重的物品。汉武帝曾在皇宫中建造了一座高达 7 米的容器，名为“承露盘”。再后来的千年中，不断有皇帝效仿汉武帝，修建此盘收集甘露。现在我们知道，“甘露”就是空气中的水蒸气在晚上因温度降低而冷凝后聚集在一起形成的水滴，并在凝结过程中，融合了花粉等甜味物质。

发现更小的世界：提出原子学说

19 世纪，英国化学家约翰·道尔顿将原子论引入化学，才解释了很多化学现象和规律，大大地推动了化学的发展。由此可见，各门学科虽占据着不同的层次，但它们之间有着千丝万缕的关系，通过各部分之间的联系而得以巩固。

运动的花粉

用显微镜观察水中的花粉，你会发现花粉释放出了一些微小粒子，这些粒子会在水中随机运动。如果换作灰尘等没有生命的物质来做实验，同样也可以观察到这样的奇怪运动。爱因斯坦将这种运动称为布朗运动，他指出，这些微粒之所以在不停地做无规则的运动，是受到水分子的碰撞，这个现象是分子（以及原子）存在的直接证据。

原子内部还有其他复杂的结构，现在的理论中仍然有很多不够完善的地方，将来可能还会有新的发现。

核的放射性被发现

居里夫妇在沥青铀矿中发现了放射性元素——镭，可是许多科学家对此表示怀疑，认为他们是有预谋的。面对科学界的质疑，居里夫妇决心努力提取纯镭和纯钋。为此，奥地利政府赠给他们一吨沥青铀矿渣，经过 45 个月的研究，居里夫妇终于从数吨沥青铀矿渣中提炼出了 0.1 克纯镭。

镭的发现，奠定了放射学的基础，由此推动了原子科学的发展。

核能的威力

1939年初，德国化学家发表了铀原子核裂变现象的论文。随后，许多国家对于核能的研究紧锣密鼓地进行开来。不得不说，核能为人类创造的财富是巨大的。比如，以核反应堆为动力的核电站代替了火电站，且产电量巨大。目前，许多发达国家大多利用核电站发电。

但是，核能利用也严重危害着我们的生命安全，核辐射在核爆炸的五大杀伤破坏效应中，对人类的危害最大。一旦染上核辐射，就会出现各种“原子弹”复合症，无尽的痛苦会终身伴随人们。

同位素

自然界的许多元素都有若干个同位素，这些同位素的化学性质一样，但是原子量稍有差异。例如，氧气由两种同位素氧-16和氧-18混合而成，氧-16是最常见的氧，它占了氧气成分的绝大部分，氧-18很稀少。通过研究生物化石中的氧-16和氧-18的含量，就可以知道不同生物时期地球的温度。

用同位素发明的“体温计”进行测量，结果得知：在1亿年前地球海洋的平均温度为21℃左右；1000万年之后（距今9000万年），它缓慢下降到16℃；再过1000万年（距今8000万年），海洋的平均温度再上升到21℃；此后，海洋温度又逐步下降，在3000万年前约为7℃，到2000万年前竟下降到6℃。

同位素有天然形成的，也有人造的。如果该同位素有放射性，会被称为放射性同位素。一些不稳定的放射性同位素，在分解过程中会释放大量能量，这就是核能的来源。

物质的多种形态：物质的神奇魔法

物理学上，在不同的条件下，物质一般会呈现出 6 种不同的形态：固态、液态、气态、等离子态、玻色－爱因斯坦凝聚态、费米子凝聚态，科学家会根据不同的应用场景利用这些形态。

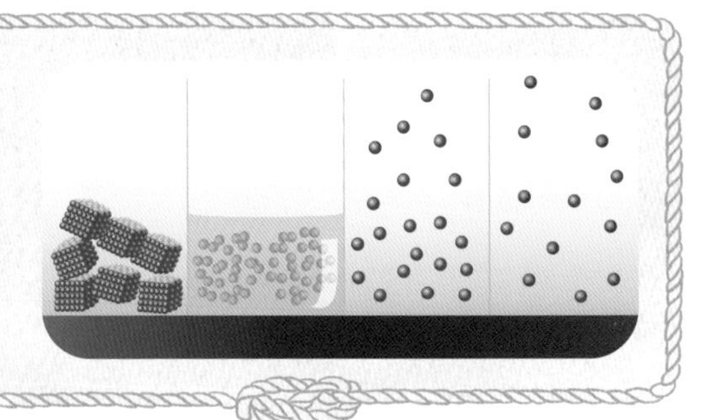

它们都是水

能保持一定的体积和形状的水的固态就是冰、雪、霜、冰雹。

可以流动、变形，可微压缩，就是水的液态，包括云、雨、雾、露。2017 年 6 月 26 日，瑞典科学家利用 X 射线进行研究后发现，水在开始结冰的低温条件下，液态水竟也有两副“面孔”，存在两种不同黏稠度的液相水。

水蒸气是气态的水，与液态的水一样是流体，它们可以流动，可变形，但与液态不同的是气态的物质可以被压缩。

液态的水大约在 -108.15℃时就可以转变成玻璃态。玻璃态是一种冷的液态，与固态相比，它更像一种极端黏滞、呈现固态的液体。

水在 1000℃的时候开始分解，3000℃左右差不多有一半分解成氢气和氧气，但要 10000℃水才会变成等离子体，这个温度甚至超过了地核的温度！

金属乎？塑料乎？

谁都知道，金属比塑料坚固，但金属的加工成型却没有塑料那么容易。于是，科学家们就开始思考，有什么东西既有金属的坚固性，又有塑料的可塑性呢？功夫不负有心人，他们终于发现在一定温度下呈现超塑性的合金。

一般黑色金属的延伸率为 40 % 左右，有色金属也不超过 60 %。而具有超塑性能的合金，在一定温度下延伸率一般都能达到 100 % 以上，有的甚至达到 1000 % ~ 2000 %。例如，一种锌—铜—铝合金板材，在慢速弯曲时，即使弯曲到 180°，将板材弯到两面重叠的程度，它也不会断裂。

“记忆”合金

各种合金都有自己的变态温度。比如在高温时，一种合金的稳定状态是螺旋状，在室温下把它强行拉直时，它便处于不稳定状态，因此，只要把它加热到变态温度，它就会恢复到原来的稳定状态了。

用记忆合金接合断骨也很有发展前途。用金属材料接合断骨时，事先在室温下将合金板两端都制成倒钩形，然后在低温下将其拉直成形（就像订书钉一样），再将冷冻的直形合金接到断骨两端，合金受体温加热后立即恢复原状，从而把断骨牢牢接合在一起。

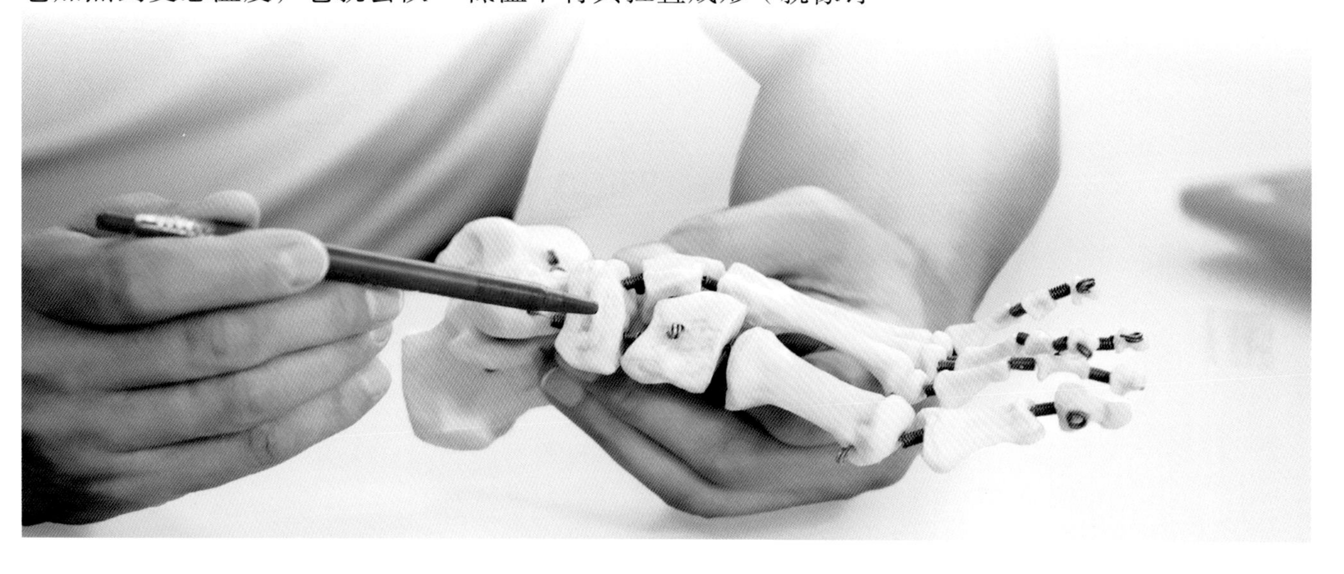

真空其实不空

直至今天，科学家都不能完全排除某一小范围内的空气。电视机显像管需要高真空才能保证图像清晰，其内真空度达到几十亿分之一个大气压，即其内1立方厘米大小的空间有好几百亿个空气分子。在高能加速器上，为防止加速的基本粒子与管道中的空气分子碰撞而损失能量，需要管道保持几亿亿分之一个大气压的超高真空，即使在这样的空间，1立方厘米内还有近千个空气分子。太空实验室是高度真空的，每立方厘米的空间也有几个空气分子。

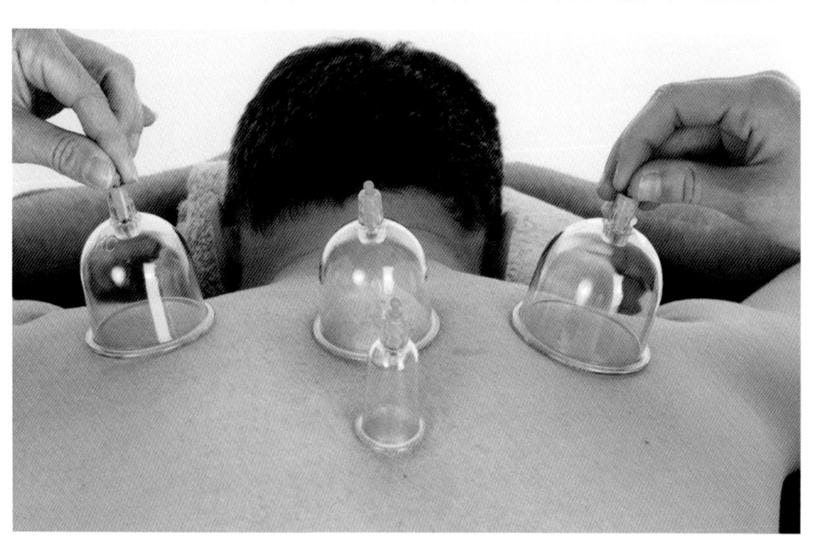

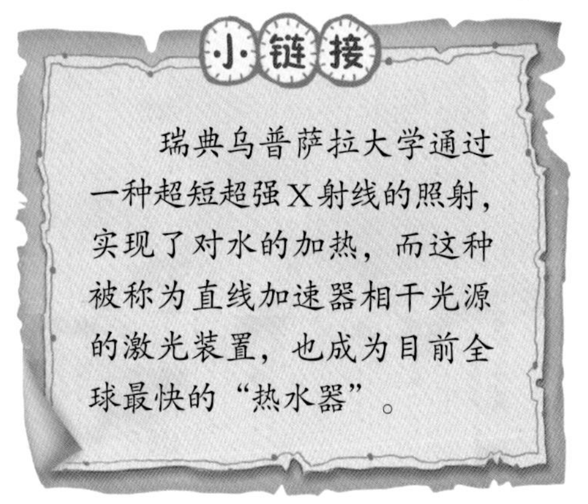

小链接

瑞典乌普萨拉大学通过一种超短超强X射线的照射，实现了对水的加热，而这种被称为直线加速器相干光源的激光装置，也成为目前全球最快的“热水器”。

掺不了假的物质：物质的密度

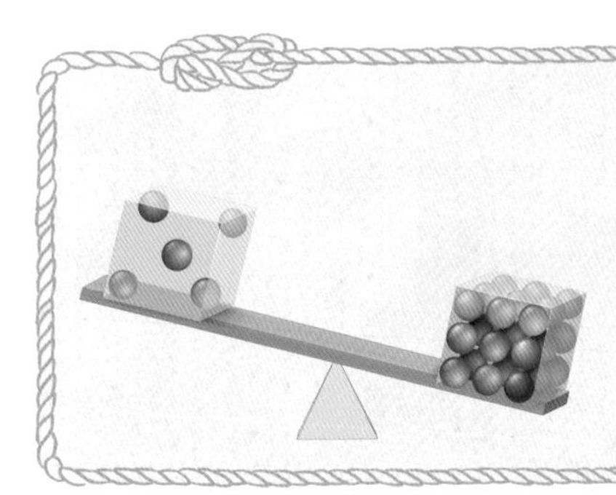

假冒伪劣、以次充好的事，从古至今屡禁不绝。唯利是图的奸商用铜冒充黄金、把铅块掺进银锭里、用一般木材冒充檀香，让消费者防不胜防。而物理学上有一个值，可以帮助我们鉴定物质的真伪，那就是物质的密度。

被调包的王冠

一年一度的盛大祭神节就要来临了，亥尼洛国王拿着金匠制好的王冠反复察看，总觉得金匠掺了假。于是，国王把阿基米德找来，要他解此难题。

一连几天，阿基米德闭门谢客，冥思苦想。一天晚上，阿基米德刚踏进装满水的浴缸，浴缸里的水便哗哗地流了出来。阿基米德大喊："太好了，就是这样！"他跑到王宫里，找来一盆水，又找来同样重量的一块黄金、一块白银，分两次泡进盆里。白银溢出的水比黄金溢出的几乎要多一倍（白银的密度是10.5g/cm^3，黄金的密度是19.3g/cm^3）。然后，再把相同重量的王冠和金块分别泡进水盆里，证实王冠里确实掺了白银。

死海

中东地区的死海，位于世界陆地最低点，是世界上海拔最低的湖泊。死海含盐度极高，所以死海的密度比人体密度更大一些，即便不会游泳的人，也可以轻松地在死海上面漂浮着，但是不能长时间漂浮在死海上。假如在死海上漂浮时间超过一个小时的话，人体可能会发生脱水。如果不小心让死海里的水进到眼睛里，最好用大量清水冲洗一下，否则情况严重的可能会导致失明。

能在水面上奔跑的石子

打水漂，是一种大众游戏，别名轻功水上漂、七点漂、漂瓦，是用扁形瓦片或石片，在手上呈水平放置后，用力飞出，石片擦水面飞行，石片碰水面后因惯性原理遇水面再弹起再飞，石片不断在水面上向前弹跳，直至惯性用尽后沉水。

法国克里斯托夫·克拉内博士和他的同事使用高速视频照相机等设备，不断试验。最后得出结论：其他条件相同的情况下，石头首次接触水并且与水面成20度角时，打水漂效果最为完美。

鸡蛋在清水中沉底而在盐水中悬浮

把鸡蛋放入清水中，就等于增加了和鸡蛋同体积的那部分清水。把增加的那部分清水取出来测其重量，就会发现这些清水的重量比鸡蛋要轻。把鸡蛋浸在较高浓度的食盐水中后，再测量和鸡蛋同体积的食盐水，这些食盐水比鸡蛋要重。鸡蛋与同体积的清水或食盐水相比，分量要是轻就悬浮，分量要是重就下沉。

一般来说，物体在水中是悬浮还是下沉，取决于物体的密度。鸡蛋密度比清水大，就会慢慢沉入水底；相反，鸡蛋密度比盐水小，就会悬浮在盐水中。

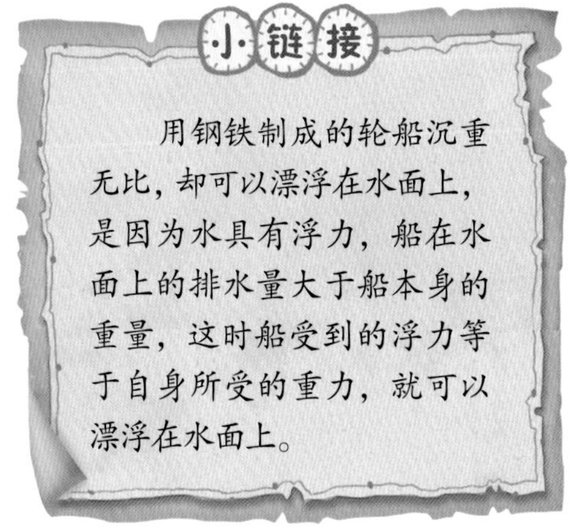

用钢铁制成的轮船沉重无比，却可以漂浮在水面上，是因为水具有浮力，船在水面上的排水量大于船本身的重量，这时船受到的浮力等于自身所受的重力，就可以漂浮在水面上。

物质有“溶”乃大：“抱团”的力量

日常生活中，带有“速溶”字样的物品多是一些食品，或是一些调味品，例如：速溶咖啡、速溶奶粉。而某一物质溶解在另一物质里的能力称为溶解性。在制作调味料时也会使用溶解的原理，例如把调味料溶解在水中，以便在食物中更好地发挥调味料的作用。

粗盐的提纯

盐是生活中必不可少的调味品，在古代，政府规定私人不可以贩盐，老百姓只能买官方售卖的盐。由于当时盐的提纯技术比较落后，且效率较低，盐的价格一直居高不下，贩盐获得的巨大收益被官府垄断。

粗盐中有很多杂质，要想得到纯度较高的盐，就要将盐中的杂质除去。要先将粗盐加入水中溶解，溶解时杂质则会悬浮在水中，不会溶解。加热可以加快溶解的速度。通过过滤将杂质除掉，只留下盐水，然后将盐水加热蒸发掉水分，使结晶析出，得到相对纯净的食用盐。

雪球能越滚越大

在下雪的季节里，和小伙伴一起玩滚雪球是一项很有趣的游戏。你可以先捏一个小雪球，然后推着这个小雪球在雪地上滚呀滚呀，这个小雪球就会越滚越大，滚成一个大大的雪球。

雪球之所以越滚越大，是因为我们一开始把疏松的雪捏紧时，增大了雪片之间的压力，雪的熔点下降，在室外低于0℃的条件下，雪也会融化为水。但是，一旦取消这种压力，水在低于0℃的温度下，又会重新结冰。这样，将手中的雪一捏一松、一捏一松，雪片就被捏成了一个雪球。当雪球在地面上滚动时，也会经历压力的变化，越来越多的雪片黏附在雪球上，雪球就越滚越大了。

甜甜的糖果谁都爱

吃糖的感觉会直接传达给大脑，大脑会开始分泌多巴胺——这种物质能传递兴奋及开心的信息，因此吃糖可以让人变得快乐，难怪人们会喜欢吃糖。可是，吃太多糖，就会导致肥胖；如果不及时刷牙的话，还有可能造成龋齿。

糖由甘蔗和甜菜制作而成，将收割下来的甘蔗经过切碎碾压，压出来的汁液去除泥土、细菌、纤维等杂质，不断搅拌让水分慢慢地蒸发掉，就制成了红糖砖。然后，再经过多次溶解、加热析出结晶，从而形成了白砂糖、冰糖、原糖、白糖。而市面上售卖的糖果，就是在白糖里又加了其他添加剂和调味剂，做成了百变糖果。

肥皂可以清洗衣服

大家都知道，水和油是互不相溶的，即使用再多的油和水，它们都不会混合在一起。但是，水却可以借助肥皂的特性洗净手上的油污。

肥皂可以清洁油脂，因为肥皂分子的一端是极性的，因此可溶于水，而另一端是非极性的，类似于油脂。肥皂分子围绕着油脂，将水溶性部分留在外面，因此水可以帮助洗掉油脂。可以说是肥皂分子提供了两种物质之间的联系，否则这两种物质是不混溶的。

小链接

日常生活中我们常常使用记号笔做记号，可是记号笔放置久了，笔头会变干，无法正常书写。记号笔分为油性记号笔和水性记号笔，油性记号笔可以用酒精来“复活”，水性记号笔可以用水“复活”。

跨界的联合：新材料问世

随着社会的发展，传统的材料已经不能满足现代社会的要求，新型材料的出现给社会发展带来了变革性的进步。科学家也在致力于发展新型材料，寻求更高效、更环保、功能更加强大的新材料应用。

入水即化的塑料袋

海洋污染是严峻问题，每年约有800万吨白色垃圾流入海洋，导致海洋生物死亡。而白色垃圾难于降解处理，给生态环境和景观也造成了污染。一款可降解塑料袋就在这种情况下应运而生，它看似是普通的白色塑料袋，但放入80℃左右的热水中，数秒钟后，塑料袋就会消失，并在半年内100%降解为二氧化碳和水，对环境十分友好。

能屈能伸的材料

麻省理工学院和美国陆军研究实验室的研究人员，成功研发出一种具有多种属性的新型材料，就像仿生学和集成设计一样，研究人员将这种新型材料称为“力学超材料”。

这种新型材料可以为机器人赋能。如今的机器人要么为刚性机器人，要么为柔性机器人，如果为机器人赋予多种力学特性，或许机器人将获得更多意想不到的能力。

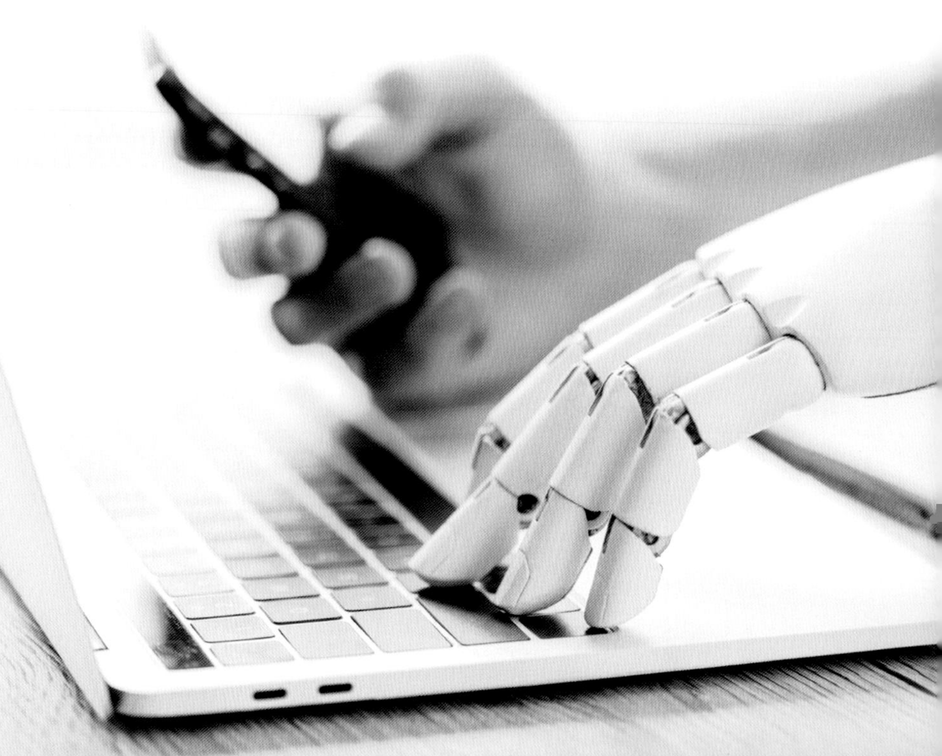

非牛顿流体

D3O是一种特殊的非牛顿流体。平常的时候，它看上去软趴趴的就像一坨橡皮泥，就连手感也和橡皮泥十分相似，你可以用手将它捏出各种各样的造型；但是当突然遇到强烈的外部冲击时，D3O材料就会立刻展现出它刚的一面，抵抗外界的突然冲力。

D3O这种材料还被投入士兵的军用防震头盔等防护设备中，以用来更好地保护士兵的人身安全。

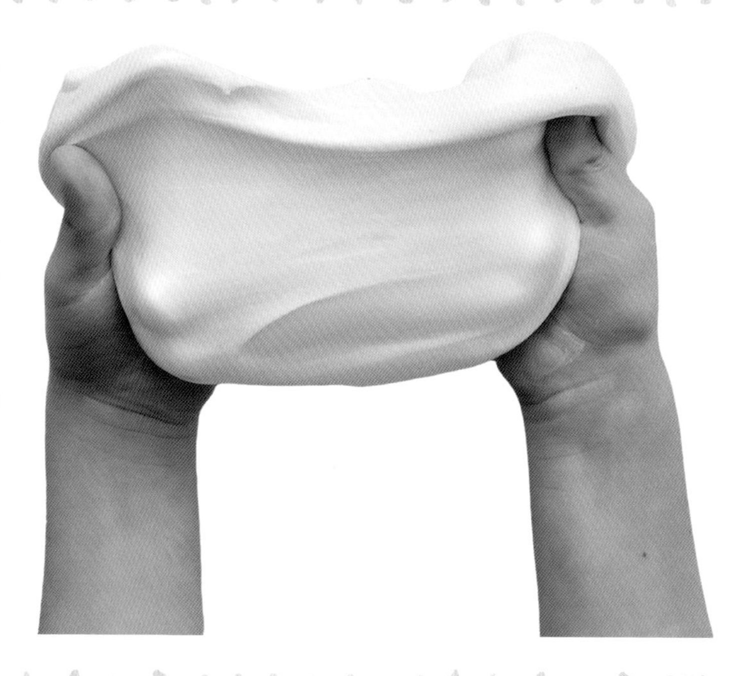

3D打印人体器官材料

说到3D打印技术，大家已经不陌生了。但是，真正把3D打印技术应用到我们生活中的案例，还是少之又少。我国首例利用3D打印的肝脏模型，并成功实施的肿瘤切除手术已经完成。

《纽约时报》报道了一例移植再造耳手术，就是利用3D打印技术，将软骨细胞与治疗级、基于胶原蛋白的生物墨水打印出外耳器官，再将“定制耳”植入患者耳部，“它似乎无缝地融入了患者身体”。3D打印使用的生物墨水，就是一种新型的材料。

有专家表示：“如果研发到上市要走100步，我们目前停留在1~10步。”“生物3D打印器官”距离正常器官，还有非常远的距离。

小链接

新型材料是指新出现的或正在发展中的，具有传统材料所不具备的优异性能和特殊功能的材料；或采用新技术（工艺、装备），使传统材料性能有明显提高或产生新功能的材料。

致敬科学家：爱因斯坦的传奇人生

物理学家杨振宁曾说："20 世纪物理学的三大贡献中，两个半都是爱因斯坦的。"被誉为"宇宙工程师"的爱因斯坦预言了黑洞这样的天体，后来被证实他的许多预言与假设都是正确的。毫无疑问，爱因斯坦在现代物理学界的地位可以说是无可撼动。

不聪明的童年

爱因斯坦生于德国一个普通的中产阶级犹太家庭，小时候，他的智力发展缓慢，周围的小伙伴们都嘲笑他是个"笨蛋"。一个偶然的机会，他得到了一个磁罗盘和一本几何学书，这激起了他的求知欲，从此开始了他的"开挂"人生。

15 岁时，他被送往慕尼黑的寄宿学校，但是他不喜欢这个学校，想尽办法逃离了那里，千里迢迢地奔赴意大利找自己的父母。父母对这个逃学的儿子没有半点责怪，默默地接受了这一切。当父母后来得知爱因斯坦被苏黎世的一所大学录取时，他们感到非常欣慰。

放弃德国国籍

爱因斯坦十分厌恶德国的专制主义学校和军国主义气氛，要知道德国纳粹对犹太人的歧视、迫害由来已久，随着纳粹头子希特勒上台，迫害愈演愈烈。而爱因斯坦早就看出了纳粹的危险苗头。1933 年 1 月 30 日，希特勒正式就任德国总理，德国进入纳粹时代。就在同一天，爱因斯坦放弃了德国国籍，成功逃离了德国，成为一名无国籍无宗派的人，踏上了去美国访问的旅途。

两次到访中国

公元1915年，爱因斯坦提出了震惊世界的广义相对论，颠覆了人们对于时空的固有认知。他因此名声大噪，“爱因斯坦”更是成为科学的代名词。但很少有人知道爱因斯坦在1921年、1922年先后两次来到中国，当时的中国正处于列强侵略时期。因为爱因斯坦的民族曾被纳粹特殊对待，所以他对中国人民的遭遇感同身受，非常同情中国人民所受的压迫。

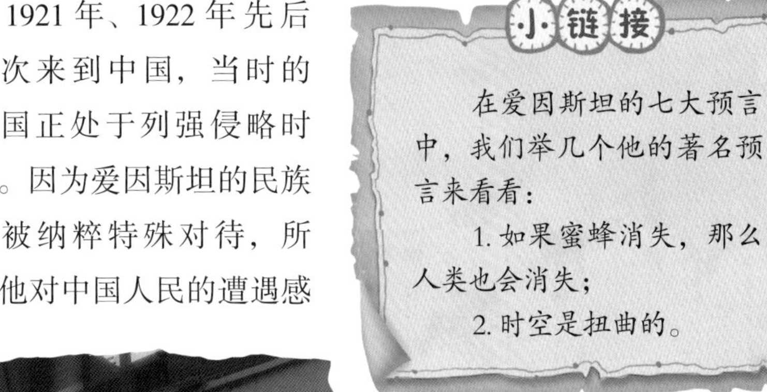
小链接

在爱因斯坦的七大预言中，我们举几个他的著名预言来看看：

1. 如果蜜蜂消失，那么人类也会消失；

2. 时空是扭曲的。

在1932年，中国共产党人陈独秀被蒋介石逮捕，得知此事的爱因斯坦为解救陈独秀积极奔走，曾发电给蒋介石要求释放陈独秀。

名副其名的预言家

爱因斯坦作为一个科学家，也有着政治家的敏锐，他离开德国后就预言德国将会有大麻烦，希特勒的纳粹党将会对整个世界形成威胁。果不其然，他离开德国5年后，希特勒的纳粹德国发起了第二次世界大战。第二次世界大战的加快结束，离不开原子弹，而原子弹的理论是爱因斯坦提出的。

从课外阅读到制造原子弹

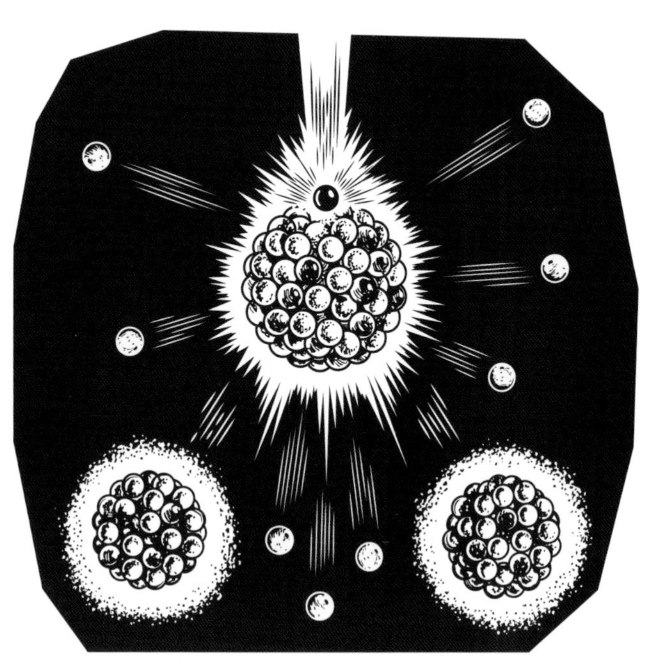

塞格雷出生于意大利，父母都是犹太人，他是家中最小的孩子，他出生时，两个哥哥都已经读大学了，叔叔、伯伯都是意大利国家科学院的院士。

两个哥哥对弟弟非常疼爱和关照，经常帮助和启发他，带他一起玩耍，耐心地教他学习。所以塞格雷很小的时候就接触到了哥哥们所学的专业知识和学习工具。他有意无意中经常听到的也都是哥哥们关于专业的讨论。与哥哥们的交往对塞格雷日后的学习起到了潜移默化的影响。

塞格雷五六岁时开始认字，他的启蒙读物大都是一些科学方面的书籍，如《趣味科学》之类的科普杂志。

由于兄弟之间年龄的差距和学者家庭的氛围，塞格雷从小就被成人教育和科学信息包围着，使他很快就褪去了幼稚和天真，显得成熟起来。命运注定了他的生活道路和被科技之光感召的人生目标。12岁那年，战争迫使他们全家迁往罗马。进入中学的塞格雷特别喜欢看几何书，觉得做起习题来就像玩拼字游戏一样有趣。为了能看懂科学原著，他还自学了英语、德语，在那些枯燥的课堂上，他读完了格拉泽、布鲁柯著的《光》，鲍勃德著的《初等天文学》，麦克斯韦著的《热学》和雷卡的《量子论》，他甚至还读了很新潮的关于相对论的书。虽然这些书他不一定能读懂，但他还是津津有味地看完，这些课外阅读让他进步不少。

后来，塞格雷考入罗马大学工程系，有幸结识了著名物理学家费米。1938年，塞格雷到了美国，参与了费米主持的研制原子弹的曼哈顿工程。

WU LI JIAN SHI

第二章

推动世界的那股力量

古代劳动人民的智慧：利用力

古代人们为了生活与生产的便利，通过对自然现象的观察和生产劳动中的实践经验，不断使用和改进工具和机械，获得了力学知识，并逐步发展为生产技术和初步的自然哲理，最终发展为物理力学这门学科。

提水工具——桔槔

桔槔俗称“吊杆”“称杆”，是古代通用的旧式提水器具。桔槔早在春秋时期就已相当普遍，而且延续了几千年。人们会在水源旁找一棵树，在树上挂一个木杆，一端系水桶，一端坠大石块，一起一落，非常省力。早期的桔槔主要用于园圃中的“井”上，代替缸、瓮等来汲水灌田，后来也应用在湖、河、塘、溪的边上取水。

桔槔是利用杠杆原理的取水工具，应用桔槔的取水过程中，主要是借助人的体重向下用力，大大减轻了人们提水的疲劳感，因而也是古代中国主要的灌溉工具之一。

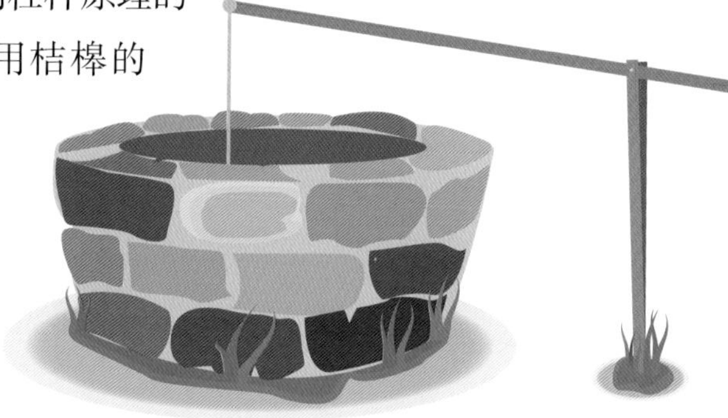

用于战争的抛石器

公元前287年，物理学家阿基米德出生于古希腊西西里岛叙拉古城邦附近的小村庄，而年老的阿基米德住在亚历山大城，畅游在知识的海洋里。当时，罗马帝国和北非迦太基帝国爆发了第二次布匿战争，战争也波及了他的故乡叙拉古，迦太基帝国和罗马帝国之间的一场大战蓄势待发，他便回到了自己的故乡，打算用自己所学的知识，为自己的家乡与国家做出一点贡献。

于是，他绞尽脑汁，夜以继日地发明了御敌武器，利用我们现在所说的杠杆原理制造出了一种叫作石弩的抛石机，能把大石头投向罗马军队的战舰。凡是靠近城墙的敌人，都难逃他的飞石。阿基米德还发明了多种武器，来阻挡罗马军队的前进。

曹冲称象

汉代末年，当时的丞相曹操收到了东吴孙权的一份礼物“一头大象”。看到如此巨大的一头象，曹操就问身边的文武大臣：“这头大象这么大，谁能告诉我，这头大象有多重呢？”有的人说将大象切成小块，一块一块地称一下，就能够知道大象的重量，只是大象就活不成了。又有人出了造一杆大秤之类的主意，也都因为大象的重量实在太大，而无法实现……

正当所有人都束手无策的时候，曹操年仅6岁的小儿子曹冲却说道：“咱们可以把大象赶到一条船上，测一测大象把船压到了什么位置，然后让大象上岸，再把小块的石头装到船上，也压到同样的位置。通过称量石头的重量，就能够知道大象的重量了。”曹操听到曹冲的建议，马上吩咐人照做，果然成功地称出了大象的重量。

地动仪

地动仪是中国东汉时期的科学家张衡创造的传世杰作，它的发明就是利用了力学中的惯性原理。地动仪有8个方位，分别是东、南、西、北、东南、西南、东北、西北，每个方位上均有口含龙珠的龙头，在每条龙头的下方都有一只蟾蜍与其对应。任何一方如有地震发生，该方向龙口所含龙珠即落入蟾蜍口中，由此便可测出发生地震的方向。

当时，这台仪器成功地预测出西部地区的一次地震，引起了全国的关注。这比西方国家用仪器记录地震的历史早了1700多年。遗憾的是，张衡发明的候风地动仪已经失传，只留下了100多字的文字记载。

小链接

杠杆是人类最早使用的简单机械。阿基米德对杠杆的原理和作用进行过系统的研究，是世界上最早系统研究杠杆的人，他说：“给我一个支点，我就能撬动地球。”

你们知道杠杆有哪几种类型吗？杠杆有三种类型，分别是：省力杠杆、费力杠杆、等臂杠杆。

中世纪的力学：思想天马行空

人们对于物质的需求逐渐提高，促进了科学的发展。比如，人们想到更远的地方走一走，面对“日月交替，斗转星移”感慨万千，想要一探究竟……人们的思想天马行空，尽管科学的理论还不成熟，但是，人们锲而不舍地探索科学的精神，很值得我们学习。

奇思妙想

1137年，阿拉伯人阿尔·哈兹尼在其发表的《智慧秤的故事》一文中，向大家生动形象地描述了一个奇妙的杠杆秤，并声称：处于空气中的物体，会受到空气对它的浮力，因此会减少一定的重量。他所描述的这种秤有5个秤盘，可以分别测量物质在水中、空气中的重量，其中一个秤盘可以沿着带有刻度的秤杆移动。

还有一位阿拉伯人名叫比鲁尼，他认为地球是绕太阳运动的，行星轨道可能是椭圆的而不是圆的。但他们的想法只是处于猜想阶段，并没有给出科学的论断。

哪一个先落地？

公元前4世纪，古希腊哲学家亚里士多德认为，物体受到重力作用，从静止开始下落的过程中，物体下落的快慢是由它们的重量决定的，物体越重，下落得越快。他的这一论断与事实相去甚远，但在接下来的近2000年里，人们深信他的观点。

1590年，一位年轻的科学家伽利略在比萨斜塔上做了“两个铁球同时落地”的实验，结果震惊了在场的所有人，两个重量不同的铁球竟然同时落地。纠正了这个持续了1900多年之久的错误结论，这是伽利略的高光时刻，从此，伽利略迎来了一生中的黄金时代。

火箭的雏形

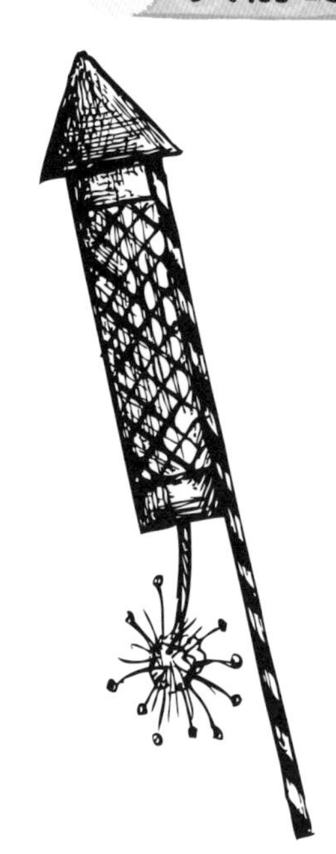

北宋时，中国出现了一种利用火药燃烧喷射气体产生的反作用力而把箭头射向敌方的火药箭，这和现代火箭的发射原理一致。这种火箭类火器主要是在箭头的后部，环绕箭杆绑附一个球形火药包。使用时，先点着球形包壳，然后用弓弩发射至敌阵，由燃着的球形包壳引燃火药，烧伤敌军人马。北宋靖康元年（1126年），尚书右丞李纲在指挥宋军保卫汴梁时，宋军便使用了这样的火箭，给予金军很大的杀伤。

小链接

一个商人在荷兰向渔民买进5000吨青鱼，装上船从荷兰运往靠近赤道的索马里首都摩加迪沙。到了那里，用弹簧秤一称，青鱼竟一下少了30多吨。原来，从地球中纬度的荷兰运到赤道附近的索马里，地心引力逐渐减小，重力必然逐渐减小，青鱼的重量也就不同了。

千年不倒的赵州桥

一般的石拱桥桥背都是拱起很高的半圆形，像立起来的鸡蛋，这样的结构才会使桥梁不致因为地球吸引力的作用而塌陷下来。但赵州桥与其他桥的结构截然不同，赵州桥的桥面坡度非常小，拱形的跨度和弧度非常大，却十分牢固，其中内藏的神秘“黑科技”就是我们现今所说的力学原理。

作为“天下第一名桥”的赵州桥，历经千年屹立不倒，是力学与美学完美融合的典范，也是桥梁史上的丰碑。

经典力学建立：牛顿力学建立

受文艺复兴运动的影响，人们打破了神学的桎梏，思想得到彻底解放，从而进入到全新的实验科学时代。在经典力学的建立中，有许多科学家前仆后继，使物理力学终于在科学的迷雾中崭露头角。在众多科学家中，牛顿则是其中的集大成者，故经典力学又称牛顿力学。

牛顿的苹果

提到牛顿、苹果，很多人都会想到他提出的那条著名的“万有引力定律”。晚年的牛顿被问及当时是如何想到万有引力定律的。他风趣地回答道：“通过不断地思考它。”这一点儿都不假。

1687年7月5日，艾萨克·牛顿发表《自然哲学的数学原理》，提出了万有引力定律。早在1666年，牛顿就有了万有引力的想法，此后20年他不断观测研究月球绕地球运动，于1685–1686年用拉丁文完成了《自然哲学的数学原理》，并由朋友哈雷出资于1687年出版。

斯蒂文教你拔河

俗话说：“人多力量大”，这一点在拔河比赛中体现得淋漓尽致。一方的参赛队员一起用力，就形成了一股强大合力。参赛队员如何用力才能使形成的合力最大，最终在比赛中取胜呢？荷兰的西蒙·斯蒂文给出了答案，力的合成要遵循“平行四边形法则”，两个力的夹角越小，合力越大。也就是说，在拔河比赛中各个队员要向同一方向用力，才能形成最大的合力；相反，比赛队员乱拉绳子，导致绳子弯曲得像一条蛇形，即便每个队员使出最大的力气，最终的合力也是很小的，比赛还是会失败。

一次无意的发现

1582年的一天，伽利略在教堂里聆听牧师讲道，被教堂顶端悬挂的吊灯吸引，风把吊灯吹得左右摆动。他惊奇地发现：吊灯与他的脉搏跳动相隔时间相等，是在有规律地摆动。

他回家后，迫不及待地做起了摆幅实验，结果发现：摆动的时间和摆幅的大小没有关系，和摆锤的质量也没有关系。接着，他又发现，摆的长度能影响摆每摆动一次所需的时间，摆的长度越长，摆的周期也越长。年轻的伽利略就这样发现了“摆的等时性原理”。

后来，惠更斯在此原理的基础上发明了摆钟。从此，人类有了完美的时钟。这种摆钟应用了300多年，直到现代才被电子钟表、石英钟表所代替。

小链接

花样滑冰运动员在冰上做旋转动作，两腿停止用力以后，身子还能疾速地转个不停，这就是转动惯性。芭蕾舞演员也常常利用转动惯性，使身子旋转起来。运动员收拢双臂和悬着的那条腿，转动速度就加快；平伸双臂，腿也伸开，转动速度明显地慢了下来。

船吸现象

1912年秋天，当时世界上最大远洋轮“奥林匹克”号正在大海上航行。一艘比它小得多的铁甲巡洋舰“豪克”号驶过“奥林匹克”号时，竟鬼使神差地向“奥林匹克”号撞去，酿成一起重大海难事故。

根据流体力学的伯努利原理，流体的压强与它的流速有关，流速越大，压强越小；反之亦然。当两艘船平行向前航行时，外侧的水比在两艘船中间的水流得慢，外侧对两船的压强比较大。于是，在外侧水的压力作用下，两船渐渐靠近，造成了“豪克”号撞击“奥林匹克”号的事故，现在航海上把这种现象称为“船吸现象”。

力学建立主要分支：百花齐放

19 世纪是力学各主要分支相继建立的时期，科学家们对于力学的研究不再局限于眼前的事物，他们有的把研究目标转移到遥远的太空，有的着眼于更细微的、看不见摸不着的水动力学等，更为精准地论证了前人提出的观点。

水也能产生动力

说来你也许不相信，一股细细的高压水流能射穿 12 毫米厚的钢板，有着如同炮弹一样大的威力。这是一种叫“水炮”的高压发生器射出的高压水细射流，它的直径只有 1.5 毫米，但速度高达7000米/秒！这样的高速是怎样产生的？

这种水炮采用电、液压或压缩空气作动力，先将水炮中的活塞向喷嘴的另一端移动，使气体压缩、积蓄能量，然后突然松开活塞，由于气体的膨胀，使活塞迅速冲向喷嘴，瞬间将封闭的水推挤出去，这就是利用了流体方面的力学。

结构力学造就鬼斧神工

位于纽约的花旗大楼，从建筑的美感、结构设计的专业角度，都令无数人拍手叫绝。而这还要从花旗大楼的选址说起，它旁边是一家教堂，教堂不能拆，但是允许在教堂上方盖楼。设计师们脑洞大开，既然地面一角不让用，他们就想到把柱子设计在正方形四边的中间，设计出一套“V”字形支撑体系。但是，这样的话这栋楼就太轻了，扛不住风吹。因此，他们又添加了一个 400 吨重的调谐质量阻尼器，这样就解决了高层建筑普遍面临的抗风问题，以及减轻抖动。

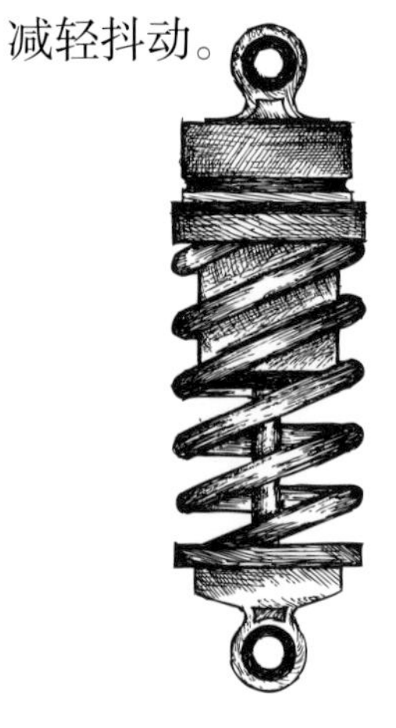

弹性力学

弓箭出现的时间，可以上溯到遥远的神话时代，大家肯定都听过“后羿射日”的故事。弓箭是一种威力大、射程远的远射兵器，在冷兵器时代，弓箭是最可怕的致命武器。但是，由于当时制作工艺有限，弓箭射程比较短。后来，科学家柯西建立了各向同性弹性材料平衡和运动的基本方程，还发现了两个弹性常量，让弓箭的设计变得更为合理。如今，射箭已经被列为奥运会比赛项目。

用数学的思维分析力学

拉格朗日酷爱数学，尤其喜欢几何学，他的数学老师是著名的数学家雷维里。17岁时，他读了英国天文学家哈雷介绍牛顿微积分成就的短文《论分析方法的优点》后，感觉“分析才是自己最热爱的学科”，从此他迷上了数学分析。拉格朗日力学是对经典力学的一种新的理论表述，着重于数学解析的方法，是分析力学的重要组成部分。

拉格朗日的研究工作中，约有一半同天体力学有关。他还研究了彗星和小行星的摄动问题，提出了彗星起源假说等。

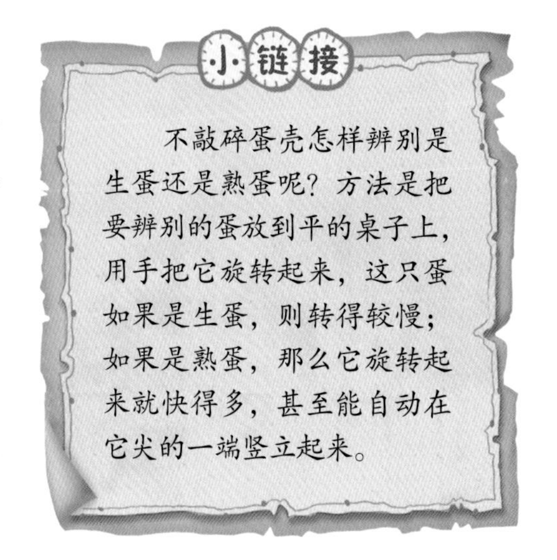

运动无处不在：力与运动分不开

行走的人群、奔驰的汽车、飞翔的小鸟、航行的轮船……都在运动。那么，远处的青山、桥梁，近处的房屋、烟囱……也在运动吗？是的，自然界中的万物都在运动，绝对不动的物体是不存在的。

奇特的2月

通常2月只有28天，但每逢闰年它却有29天。因此，2月显得与众不同。

原来地球绕太阳公转并不是恰好365天，而是365天5小时48分16秒，如果每年都按365天计算，每年就要少5小时48分46秒，4年累计就少了23小时15分4秒。这正好接近一天的时间，为了补上这个差数，天文学家就规定每4年有一个“闰年”，多出的一天就加在2月里。

我们的速度能有多快

蜗牛这种动物确实可以算是行动缓慢的动物：它每秒钟只能前进1.5毫米，也就是每小时5.4米——恰好是人步行速度的一千分之一！另外一种典型的行动缓慢的动物是乌龟，它的速度是每小时60米。优秀的田径运动员跑完1500米，大约需要3分35秒（目前的世界纪录是3分26秒）。自从科学家发明了机器，人类的速度就更快了，可以毫不费力地超过大平原上的河流流速。

没有摔死的秘密

第二次世界大战中，一架袭击德国汉堡的英国轰炸机被击中起火。坐在飞机后座的机枪手果断地无伞跳出了机舱。他刚刚离开，飞机就爆炸了。这时飞机的高度是5500米。1分半钟以后，他就像一列高速行驶的列车，以每小时200千米的速度飞快地向地面落去。

当他从昏迷中醒来的时候，发现自己并没有摔死，只是皮肤被划破，身上有多处挫伤。

后来，人们经过分析才发现，机枪手下落时幸运地掉在了松树丛林里，而离他不远处就是开阔的平原。他先在松树上砸了一下，然后掉在积雪很深的雪地上，把松软的积雪砸了一个一米多深的坑。

日月给地球的“礼物”——潮汐

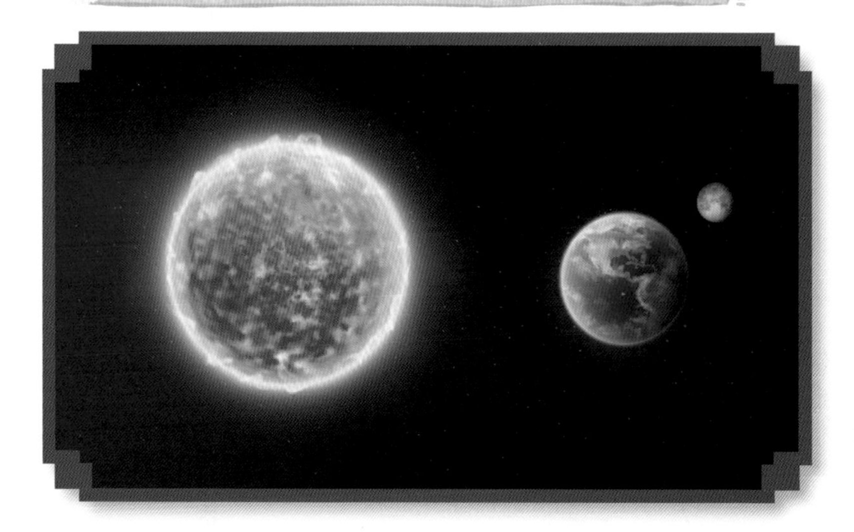

每年农历八月十五左右，钱塘江上便会白浪滚滚，涛声震天，甚为壮观。潮汐的形成与月亮对地球表面海水产生吸引力有关。

离月球最近的海洋表面，受到月球的吸引力最大。而离月球最远的海洋表面，受到月球的引力最小。由于各处所受的引力不一样，海洋的水平面就会发生畸变，同时由于月亮在不断地绕地球转动和地球的自转，这种畸变也随之变化，这样就在地球上形成了潮汐。

小链接

太阳也可以引起潮汐，但它比月亮引起的潮汐要小许多。然而，在新月和满月时，太阳和月亮在同一方向上，这时就会产生较大的潮汐，叫大潮或正潮。当太阳、地球和月亮三者构成直角三角形时，潮水最低，叫作低潮或偏潮。

近代力学：向宇宙进发

狭义相对论、广义相对论以及量子力学的相继建立，冲击了经典物理学。科学家们不再满足于对地球本身的研究，开始了外太空之旅。而随着力学的不断发展，人们解决了对猛烈炸药爆轰的精密控制、材料在高压下的冲击绝热性能、强爆炸波的传播、反应堆的热应力等问题。

恐怖的核爆炸

二战前夕，为逃避德国法西斯迫害而移居美国的一些科学家，担心德国抢先造出原子弹，经美国总统罗斯福同意，开始了利用核裂变制造超级炸弹的研究。1942 年，一项名为“曼哈顿工程”的庞大计划开始实施，该计划投资25亿美元，动用 10 多万名科技人员和工人，在绝对保密的情况下加紧研制。

1945 年 7 月 16 日凌晨，第一颗原子弹在美国新墨西哥州阿拉默多尔空军基地的沙漠地区爆炸成功，其威力相当于 1500~2000 吨 TNT 炸药。原子弹问世是 21 世纪影响人类历史进程的一项重大科技成就，由此，人类进入了核时代。

美丽的极光

极光在世界一些地方不时出现。在北半球能看见极光机会最多的区域是美国阿拉斯加北部、加拿大北部、冰岛北部、挪威北部、新西伯利亚群岛南部。相比之下，我国黑龙江北部能见到极光的机会比上述地区少，并且主要是在 3 月、9 月左右，即在春分和秋分前后才有。

极光是地球上最壮观的自然现象之一，但又具有强大的破坏力。极光爆发期间，严重骚扰电离层，从而破坏短波无线电信号的传播，这时通信、交通都会受到严重的影响。

遨游宇宙

1957 年 10 月 4 日，世界上第一颗人造地球卫星——“卫星 1 号”被送到了外层空间。这是人类第一次冲破重力的束缚，自由自在地探测宇宙空间。苏联的这一划时代成就当即在西方世界引发了一场“卫星地震”。

经过科学家的计算，离心力的大小与圆周运动速度的平方成正比。据此可以算出，要使物体不落回地面的速度是 7.9 千米 / 秒，也就是说，人造卫星如果达到 7.9 千米 / 秒的速度，它就会永远绕地球运行。科学家正是通过赋予人造卫星很快的速度，才使它不致从天上掉下来。

极限运动翼装飞行

20 世纪 70 年代末兴起了一项刺激的高山滑翔运动，这也是登山运动的一种。运动者登上海拔 8000 米左右的高山，乘自带的轻型悬吊式滑翔机自高空飞翔而下。后来，有些运动者身着翼装飞行，从高楼、高塔、大桥、悬崖、直升机上飞下，紧贴着高空中的建筑物或自然景观进行无动力飞行。由于飞行高度低，用于调整姿势和打开降落伞的时间十分短促，危险性和难度极大，极具挑战性和冒险性，堪称“世界极限运动之最”。

黑洞是现代广义相对论中，存在于宇宙空间中的一种天体。人们无法直接观察到它，科学家也只能对它的内部结构提出各种猜想。黑洞的引力极其强大，使得视界内的逃逸速度大于光速。故而，“黑洞是时空曲率大到光都无法从其事件视界逃脱的天体”。

现代力学：给科学提提速

近代科学技术促进了力学的发展，例如电子计算机自1946年问世以后，计算速度、存储容量和运算能力不断提高，过去力学工作中大量复杂、困难而使人不敢问津的问题，也都迎刃而解。而力学的发展，也推动了科学技术的发展。

脱离轨道的磁悬浮列车

迈斯纳效应是超导物理学中的一个重要现象，指的是超导体在低温下处于超导态时，会完全排斥磁场的进入。在超导态下，材料内部的电流和磁场相互作用，产生一个反向的磁场，从而抵消了外部磁场的作用。

磁悬浮列车就是采用了这种现象，让列车下部搭载有电磁铁，而轨道上覆盖了一层高温超导体材料。当列车行驶在轨道上时，电磁铁内的电流会产生磁场，从而激发轨道上的超导体产生电流，进而产生反向的磁场，使列车悬浮在轨道上。由于其轨道的磁力使之悬浮在空中，减少了摩擦力，行走时不同于其他列车需要接触地面，而只受来自空气的阻力。

比人的鼻子还灵敏的“人工鼻子”

人的鼻子很灵敏，能嗅出多种气体的味道来。但是，对于某些特殊要求它就无能为力了，例如，人的鼻子无法嗅出氧气的浓度。然而，用氧化锆固体电解质做成的“人工鼻子”，能嗅出百万分之一的氧气浓度。把它装在锅炉烟道中，可以监测其中的氧气浓度，从而推算这台锅炉的燃烧情况。利用固体电解质的这种特性，就可以制成“嗅”气体的人工鼻子。

虹吸的力量

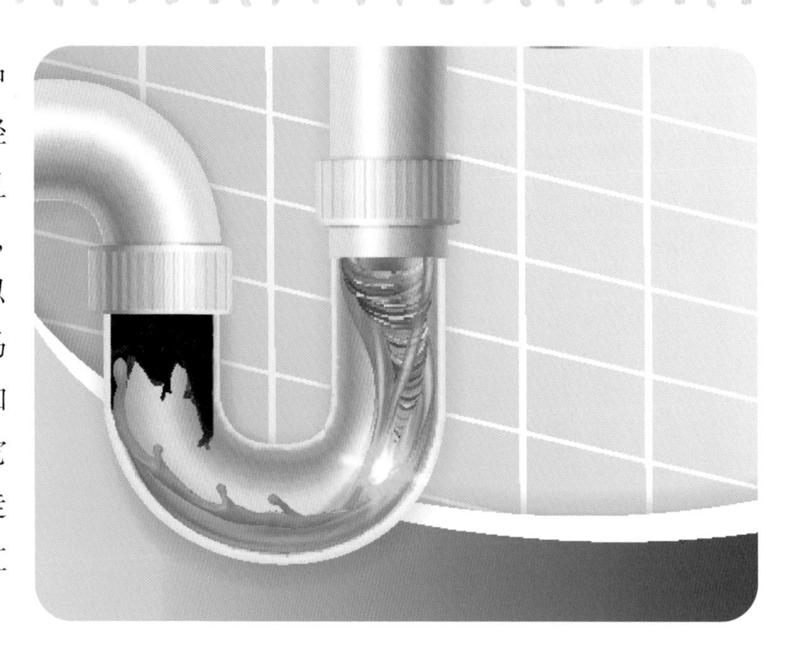

现代抽水马桶都在马桶和连接下水道的管道之间装有一根虹吸管。当水进入马桶时，马桶中和虹吸管输入臂中的水面就升高。最后，水从虹吸管的输入臂流到输出臂，于是虹吸作用便开始了。虹吸的水流和冲入马桶中的综合环流可以轻松清除污物，并且用水是相当省的，只用一桶水就可以解决问题。有的马桶的底部，还增加了一个喷水口，它可以从马桶中带走液体，从而增加虹吸的速度和强度。

心脏的“救护神”——心脏起搏器

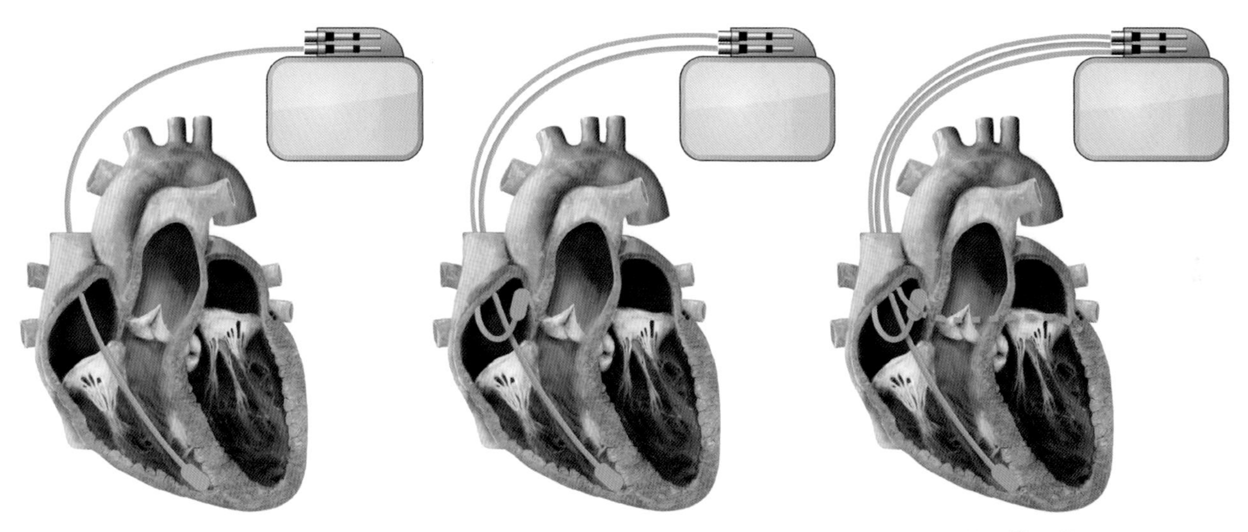

如果要在人体的各个器官中评“劳模”，第一名非心脏莫属。从科学的角度讲，心脏之所以能跳动，是由于心脏两个心房之间的顶端有一个称为窦房结的结构，它可以发出电信号，信号沿着心房向心室传导，最后经过一种叫浦肯野纤维的组织到达心肌，从而使心肌有节奏地收缩和舒张，形成心脏的搏动。科学家们经过多年研究，根据电流可以引起肌肉收缩的原理，终于制造出了一种随身的心脏“救护神”——心脏起搏器。

小链接

1979年年底，西北某工厂一位女工在擦地板时，身上的涤纶衣服因擦拭动作而摩擦生电，人身上带有的高压静电引发车间内汽油挥发物迅速燃烧爆炸。在易燃、易爆的环境中工作的人，特别要注意静电会引起的灾害。

20—21 世纪的力学：创造一切不可能

20 世纪以来，力学的发展逐渐深入认识物质结构不同层次中物质的运动形式及各种相互作用以及发现新的力学现象及基本规律上；力学与其他各自然科学的相互渗透，发展了许多交叉学科和新兴学科。

断裂力学

1954年，英国两架“彗星”号喷气式客机，先后因增压舱突然破裂而在地中海上空爆炸坠毁。起先，人们认为是材料强度不够而造成断裂，于是利用高强度合金钢来制造关键零部件。但是，事与愿违，断裂破坏有增无减。此事引起工程技术界的高度重视，人们在深入研究中发现，原来高强度材料中也存在着一些极小的裂纹和缺陷，正是这些裂纹和缺陷的扩展，才产生了断裂破坏，并在此基础上诞生了一门崭新的科学——断裂力学。

钢轨间的空隙

铁路上的钢轨并不是一根紧挨着一根放置的，中间都留有一定空隙。钢轨的材料是钢材，钢也有热胀冷缩的特性，温度升高，钢轨变长；温度降低，钢轨缩短。于是，聪明的设计者将长长的钢轨分成一段段的，在每段钢轨的连接处留有一定的缝隙。为了保证火车的行车安全，以及旅客乘车的舒适性，轨缝不宜过多、过大。所以，现在乘坐火车听不到“哐当哐当”声了。

水的张力不同

杭州盛产龙井茶，当地流行这样一句话："龙井茶叶，虎跑水。"意思是，龙井茶叶最好用烧开后的虎跑泉的泉水来泡，才能喝出美味来。其中的奥妙在于，虎跑泉泉水中含有多种微量元素，对人体健康有利。

纯水在一定的温度下具有一定的表面张力，富含矿物质的泉水的表面张力比纯水要大得多，它使得泉水表面的分子相互吸引，紧紧地挤压在一起，这就是泉水能满过杯口而不溢出的原因。

300 年误差 1 秒——精准的原子钟

1954 年，美国物理学家查尔斯·汤斯利用气体微波激射器制成了原子钟，比以前任何报时装置都准确得多，每 300 年误差仅有约 1 秒。

原子钟是利用原子吸收或释放能量时发出的电磁波来计时的。由于这种电磁波非常稳定，再加上利用一系列精密的仪器进行控制，原子钟的计时就可以非常准确了。现在用在原子钟里的元素有氢、铯、铷等。

小链接

一条装着石块的船浮在游泳池中，将船上的石块抛入水中，池中水面的高度将发生怎样的变化？石块将侵占水的空间而使池中水面上升；但船却因载重减小而向上浮起，从而使池中水面下降。最终结论是：船上的人把石块投入水中后，池中水面的高度将降低。

致敬科学家：伽利略坎坷的一生

一位伟大科学家的造诣绝不会仅限于一方面的研究，对世界的贡献也是多领域的。伽利略就是一位这样的科学家，他的贡献卓著，但一生道路坎坷，尤其是屡遭罗马教廷的残酷迫害。在离开人世的前夕，他还重复着一句话："追求科学需要特殊的勇气。"

早年经历重重磨难

1564年，伽利略出生在意大利比萨城的一个没落贵族家庭里，从小就受到了良好的家庭教育。17岁的伽利略进入比萨大学学医，并在业余时间制作仪器，进行实验。

他热爱科学，通过实验证明了亚里士多德所主张的物体下降会因不同的重量而产生不同的速度这一观点是完全错误的，他受到校内亚里士多德派的强烈批判，比萨大学当局惧怕伽利略反传统的科学思想，以资格不够为借口把他赶出了比萨大学。

制成天文望远镜

郁郁不得志的伽利略没有受到打压的影响。1609年，他受到荷兰光学家李帕西把两块镜片叠在一起可以把物体放大的启发，制成了一架望远镜，经过不断改进，最后制成放大率达1000倍的可用于天文观察的望远镜。在这架天文望远镜的帮助下，伽利略对哥白尼的"日心说"更加信任。1610年，伽利略出版了他的《星际使者》，向全世界宣布了他的发现。

动了教皇的奶酪

1632年，伽利略出版了《关于托勒密和哥白尼两大世界体系的对话》一书。此书一经问世，就受到众多科学爱好者的追捧，再一次点燃了尊重科学、冲击宗教的火焰。教皇得知消息，大发雷霆，下令没收这本书，立即逮捕伽利略。

就这样，已经68岁而且病魔缠身的伽利略，被“锁上铁链，押到罗马”。1633年2月，审讯开始，审了3个多月，伽利略拒不认罪。教皇又下令把伽利略移交“严厉法庭”审判。在接连几天严刑拷打的逼供下，生命垂危的伽利略被迫在事先由法庭写好的“认罪书”上签了字，法庭判决伽利略终身监禁。

晚年丧女

伽利略被软禁在自己家里，由专人照料，从此开始受到罗马宗教裁判所长达20多年的残酷迫害，规定伽利略禁止会客，每天书写的材料均需上缴等。在别人的精心护理和鼓励下，伽利略重新振作起来，又开始了物理学问的研究。刚过了5个月，便有人写匿名信向教廷控告有人厚待伽利略。教廷改派伽利略的大女儿照料他，但是禁例依旧。祸不单行，4个月后，他的大女儿竟先于伽利略病故。

小链接

在当时的欧洲，当权者用荒谬的神学理论取代了科学，时时打压科学家，为了阻止科学的发展，这些人用尽了各种残忍手段。波兰天文学家哥白尼、意大利科学家采科·达斯科里也受尽教会折磨，含恨离世。

物理加油站

猫的惊人能力

猫有一个十分惊人的本领：从一定高度跌下时，不仅不会摔死，还能稳稳地落地。它的绝技就是空中翻身。你看，猫刚跌下时，还是背脊朝下、四脚朝天，可就在它落地的一刹那，已经变成背向上、脚朝下了，再加上它那双有着厚厚肉垫的爪子和富有弹性的腰腿，当然就能稳稳地在地面“安全着陆”了。

早在 19 世纪末，就有一位物理学家对猫的空中翻身绝技产生了兴趣，他通过高速摄影拍下了猫的整个下落过程，发现猫在下落时仅用 1/8 秒就翻过身来了。我们知道，如果没有外力作用，原来不转动的物体是不会转动的。猫在开始下落时没有转动，在下落过程中又不受外力作用，它应该一直保持原来的姿势着地。

于是，一些物理学家开始忙碌起来，他们又是摄影又是录像，并且从理论上提出模型，用电脑进行计算。得出的结论是：猫在下落的过程中，是通过它的脊柱依次向各个方向弯曲来实施转体的。当双手握住猫的四肢，将手松开时，猫的角动量等于零。猫在下落的过程中，尽管受到重力的作用，由于重力作用在质心上，因此外力矩为零，所以，猫在下落过程中的任一时刻，都要保持角动量等于零。

猫从高处落下时，会本能地旋转身体，这时，猫的尾巴伸展并且朝着相反方向甩动，以保持猫的总角动量为零。由于猫的脊柱比较灵活，它在旋转身体的时候，还可巧妙地使身体和四肢收缩、伸展，调节整个身体的质量分布，保持角动量为零，以达到转身的目的。

WU LI JIAN SHI

第三章

热度让世界更美

人类文明的进步：从用火开始

古代人类早就学会了取火和用火，但是后来才注意探究热、冷现象本身，直到 17 世纪末还不能正确区分温度和热量这两个基本概念的本质。在当时流行的“热质说”统治下，人们误认为物体的温度高是由于储存的“热质”多。

火的由来

如果没有火，人类可能依然处于茹毛饮血的原始时代；如果没有火，世界也将一片黑暗。古代社会由于生产力比较落后，再加上并未出现科技萌芽，人们根本不知道如何生火。一次偶然的机会，闪电引发了火灾，人类发现被森林大火烧焦的动物尸体很可口，于是学会了利用火，开始吃熟食。人们开始思考如何保存火种，如何生火。

钻木取火

传说燧人氏曾看到过枯木燃起火苗，于是就尝试着各种可能让枯木起火的方法。最终他发现用干燥的树枝，在枯木上反复旋转可以出现火苗，于是他就将钻木取火的方法传授给了当时的人们。

后来，钻木取火就逐渐退出人们的生活。只有在一些比较偏远的地方，偶尔能看到使用钻木取火做饭、煮茶的现象。

以石击石

用容易敲打出火星的石头等物，彼此撞击之后所产生的火星点燃可燃物取火，于是，人们就开始反复琢磨“以石击石”的生火方法。这就是古代的“打火机”。

关于火种起源的传说，并没有相关史料记载，但从人们的饮食习惯可以推断出，在我国远古时期，人类就已经掌握了用火的方法，因为当时的人们抛弃了吃生肉、喝生血的陋习，饮食以熟食为主，这就是熟练使用火的佐证。

火折子

人类会制造火种后，面临的第一个问题就是如何保存火种。“火折子”就是一种更为简便的取火用具，一般多用于点火或者照明。它的原理其实非常简单，就是用废旧粗糙的纸张，卷成粗壮而又厚密的筒状物。然后在其中心塞入化学物质磷，使用之前可以先将其点燃，与空气隔离便可以自熄。

想使用的时候只要用力一吹，火折子就可以复燃。这种取火工具多用于民间做饭点火，或者用于外出远行。

小链接

有许多野外生存爱好者，会暂时远离现代生活，利用自身的野外生存技能，在无任何现代科技帮助的情况下，完成野外取暖、照明、煮饭等任务。要想在野外生存下去，制作火种是必须掌握的一项生存技能。

对温度的研究：建立温度的标准

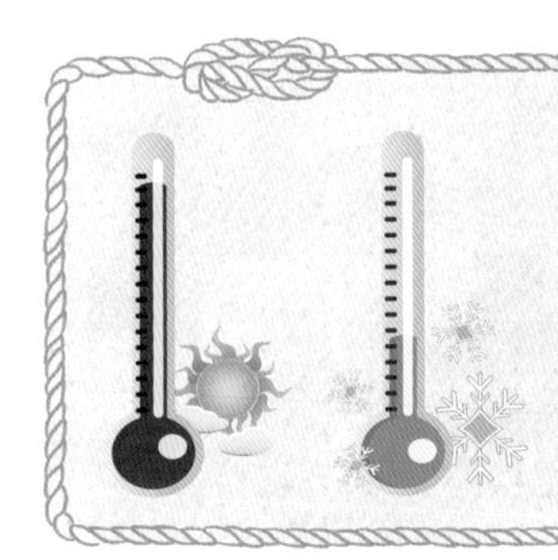

18世纪前叶，人们对温度、热量的概念含混不清，热学要发展就要建立科学的定义。于是就有了摄氏温标，才使测温有了公认的标准。随后又发展了量热技术，为科学地观测热现象提供了测试手段，使热学走上了近代实验科学的道路。

早期的温度计

古希腊人早就知道空气在受热的时候会膨胀，在大约2000年前，有一个人发明了一个类似蒸汽机的东西，用的就是热气膨胀的原理，但这个还不是温度计。

直到1592年，伽利略发明了一个类似温度计的东西，这个东西也可以测定气压。1612年，伽利略的朋友把伽利略的“温度计”改造了一下，在一个封闭的系统里，随着温度的变化，空气收缩与膨胀，彩色的液体高度也随着变化，他用这个测定人体的温度变化，算是世界上第一个体温表。

温度计里装的是什么？

温度计里的液体可以有很多种，如煤油、水银、苯等。温度计是利用固体、液体、气体受温度的影响而热胀冷缩的现象为依据设计的。有煤油温度计、酒精温度计、水银温度计、气体温度计、电阻温度计、温差电偶温度计等。

红色温度计里的物质为酒精，酒精无色，为了便于显示温度，在酒精里掺入色素，可以测定的温度范围为：-117℃~78℃；水银体温计当中有个缩口，这个缩口可以使其离开人体后水银柱不回流，从而保证水银体温计的示数不变，可以测得的温度范围是：35℃~42℃。

温度的标准

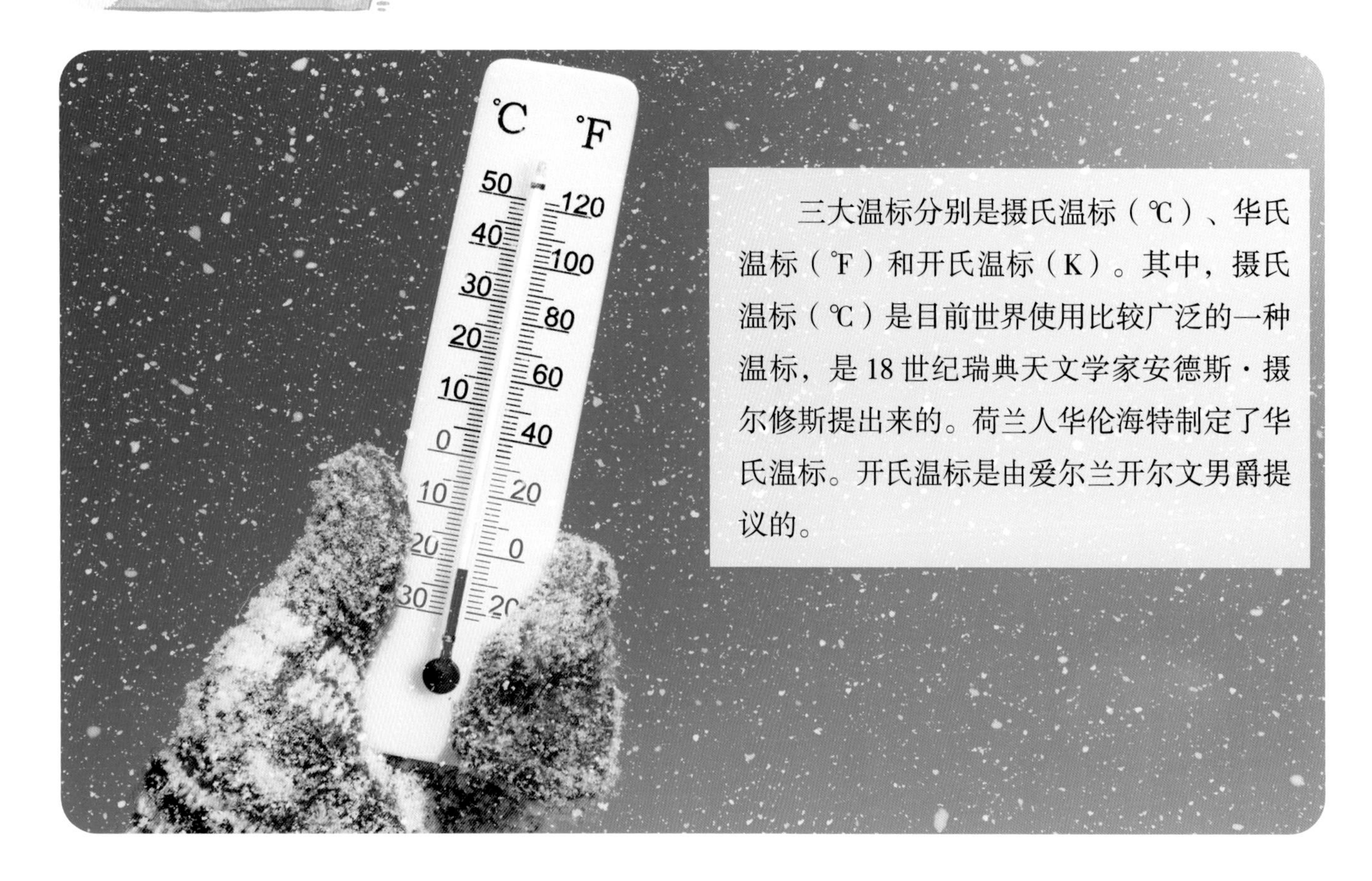

三大温标分别是摄氏温标（℃）、华氏温标（℉）和开氏温标（K）。其中，摄氏温标（℃）是目前世界使用比较广泛的一种温标，是18世纪瑞典天文学家安德斯·摄尔修斯提出来的。荷兰人华伦海特制定了华氏温标。开氏温标是由爱尔兰开尔文男爵提议的。

误打误撞的发明——高压锅

据传，法国物理学家丹尼斯·帕平打算去瑞士避难。他沿着阿尔卑斯山艰难跋涉，一路上风餐露宿。当他饥肠辘辘时，打算煮几个土豆吃，水滚了几次，可土豆依然是生的，无奈之下，他只能把生的土豆吃了下去。

后来，他辗转到伦敦，开始潜心研究蒸汽发动机，那次在山上的遭遇不断地在他的脑子里翻腾，满脑子疑问的他开始思考水的沸点与大气压的关系，但仍然百思不得其解。两年后，帕平让人在密闭锅体和锅盖之间加了一个橡皮垫，锅盖上方还钻了一个孔。这样一来，世界上第一只压力锅就问世了。

小链接

使用高压锅时，先不加限压阀，待加热后排气孔排出锅内冷空气后，再及时加上限压阀。使用过程中，不要随意触动高压锅的限压阀，更不要在限压阀上加压重物或者打开锅盖。饭菜做好以后，也不要马上拿下限压阀或者打开锅盖，要待锅里的高压热气释放出来后再打开锅盖。

热学与热传导理论的建立：摸索着前进

18 世纪，人们对热的本质的研究走上了一条弯路。“热质说”在物理学史上统治了 100 多年。虽然曾有一些科学家对这种错误理论产生过怀疑，但人们一直没有办法解决热和功的关系问题。直到英国物理学家詹姆斯·普雷斯科特·焦耳的出现，才最终解决这一问题。

错误的“热质说”

错误的“热质说”称雄百年不倒，当时，许多科学家都是这一学说的积极倡导者。他们认为热质如同人的衣服，任何物质都可以披上这件衣服。物质穿的衣服不同，就会表现出不同热质，呈现出不同的温度。衣服就如同一件“铁布衫”，非常结实，所以热质不生不灭。

直到 19 世纪中期，德国的迈尔、英国的焦耳和格罗夫等人，在进行了一系列精确实验的基础上，确定了热功当量，确立了能量守恒与转化定律；麦克斯韦、玻尔兹曼运用数学理论，初步揭示了热的本质。到此，才真正摧毁了“热质说”这个谬误。

冬天的池塘

冬天池塘里的水，下面的比上面的温度高。这是因为水有一种罕见的特性，4℃的水比其他任何温度的水都要重。当池塘的水面温度因寒冷下降到 4℃的时候，这层水就向下沉去。又因为 4℃以下的水虽然更凉，但重量却比 4℃的水轻，所以，这些水向上升。随着低温度的水浮向水面，池塘的水面逐渐结上了一层冰。

然而，冰的传热功能欠佳，冰面就如同一个热的“绝缘体”，天气的低温不能传到池塘底部，从而导致冰面以下的水温始终不低于 4℃。这也就是相对较深的池塘，只有冰面结冰，不会出现所有水都结冰的原因。

对着镜面哈气

对着镜面哈气，镜面之所以会模糊，是因为哈气中的水蒸气凝结成小水珠，附着在镜面上。冬天的早晨，我们呼出的气会变成白色气流也是同一原因。

镜面被哈过气后，其温度也会有少许上升。此时，将镜面擦干，再次对着它哈气，镜面也不会像第一次那么模糊了。也就是说，镜面温度一旦上升，哈气中的水蒸气所凝结的小水珠就大大减少了。我们夏天呼气与冬天呼气的现象不同，也是这一道理。另外，在擦镜子时，无论是用手还是用布去擦，都会由于摩擦而使镜面的温度上升。

受温度影响的声音

声音在天气凉爽时要比天气暖和时传得远。尤其在平静的水面上或结冰的湖面上，这种现象格外明显。反之，在炎热的沙漠中，声音传播的范围就显著地缩小。

如果气温是向上递减的，那么沿水平方向传播的声波，其上面部分就比下面部分传播得慢，因而波的路径便向上弯曲。由于温度在竖直方向上呈向上递减的梯度分布，上述的折射就使声音拐弯向上，因而不可能沿地面传播得很远。

小链接

饺子煮熟以后会浮起来，并且只有浮起来的饺子才是煮熟了的。原因是随着温度的持续升高，锅中的水和饺子都慢慢地热起来了，饺子馅和饺子皮吸饱了热水以后，渐渐胀起来。这时，饺子的比重比水的比重小，所以就浮起来了。

热力学第一定律：组建永动机

科学探索如同一场永无终点的接力赛，一代又一代人前赴后继。任何一项科学发现，都不是一蹴而就的，而是要经过长期生产实践和大量科学实验，才以科学定律的形式被确立下来的。

守恒定律思想的先驱者——迈尔

你绝对想不到，能量守恒定律的首次公开提出，是出自一位德国医者——迈尔之口。多年的行医经验，让他深信在热与功之间，必有一个恒定的关系。他以“无不生有，有不变无”和“原因等于结果”等哲学观念为依据，对物理、化学过程中力的守恒问题做了一般性的论述，提出了“力是不灭的、可转换的、不可称量的存在物”的著名命题。随即，迈尔又将他的能量守恒理论运用到宇宙，讨论了宇宙中的能量循环。

但是，公众以及物理学界对他的观点不够重视，使他感到沮丧和苦恼。此后，他一直被疾病困扰，甚至被人关入了精神病院饱受折磨，还被误传在精神病院不幸逝世，直到1853年才恢复自由。

科学巨匠——亥姆霍兹

亥姆霍兹知识渊博，一生中涉猎过许多不同领域，其中包括医学、生理学、化学、数学、哲学，并为物理学做出了巨大贡献。

这位物理学家同迈尔一样，也是一位医者。但亥姆霍兹从小爱好自然科学，迫于生计，在柏林的医学和外科研究所念了医科。他吸取了迈尔医生的教训，在柏林物理学会作了题为“论力之守恒”的演讲，并出版了此次演讲的论文。他的理论在科学界引起了回响，让能量守恒原理得到了公认。

"草根"物理学家——焦耳

在物理学上，有一个定律叫作“焦耳定律”，同时也有一个能量单位叫作“焦耳”，它们其实都是以发现者的名字来命名的，他就是著名的草根科学家——焦耳。

焦耳从小体弱不能上学，利用空闲时间自学了化学、物理，全凭对科学的一腔热忱，执着于自己的科学研究。就是这样一位业余科学家，取得了显著的科研成就，终被大众所熟知。

永动机

永动机的想法起源于印度，公元1200年前后，这种思想从印度传到了伊斯兰，并从这里传到了欧洲。早期最著名的永动机设计方案是13世纪时一个叫亨内考的法国人提出来的，此后又有无数科学家痴迷于永动机。但是，他们无一例外地都失败了，直到21世纪也没有人真正制造出来。

永动机是一种幻想，永远不可能成功，因为它违反了自然界最普遍的一个规律，这就是能量转化与守恒定律。

小链接

我国自主研发、建造的第一艘蒸汽机轮船名为“黄鹄”号，由徐寿、华蘅芳设计建造，在安庆内军械所，于1865年建成，造价白银八千两，曾国藩赐名“黄鹄”。这艘蒸汽船长17米，航速6节，重达25吨。

热力学第二定律：微观世界的力量

蒸汽机是人们利用热机的代表，代表人们已经具备可以将热能转化为其他形式的能量的能力。随之，科学家又开始着手提高能量利用率，从更微观的角度，解释了自然界中的普遍现象。

卡诺理论

卡诺受父亲的影响，性格孤僻、清高且厌世，被巴黎学界其他学派孤立，只有科学研究能让他获得片刻欢愉。1832年，年仅36岁的他，先是患上了猩红热，不久后转为脑炎，身体遭受了致命的打击。后来，他又染上了流行性霍乱，不久后便去世。

按照当年的防疫条例，霍乱病死者的遗物应一律付之一炬。卡诺生前所写的大量手稿被烧毁，幸得他的弟弟将他的小部分手稿保留了下来。其中，卡诺提出的动力理论不仅是热机的理论，还涉及热量和功的转化问题，因此也就涉及热功当量、热力学第一定律及能量守恒与转化的问题。

开尔文的传奇人生

温度在我们身边扮演着重要的角色，我们使用温度、利用温度、标记温度，也在统一对温度的认识。国际单位制中的温度单位，是以一位科学家的名字来命名的，他就是现代热力学之父开尔文。开尔文是一位天才少年，8岁在大学旁听，10岁就读于格拉斯哥大学，17岁转学到剑桥大学。后来，在一次科学会议上，得到了学界泰斗法拉第的赏识。

信心满满的开尔文在面对自己的毕业考试时，胸有成竹地认为会一如既往地取得第一名，可当成绩下来后，令开尔文意想不到的是，居然有人比他更努力，在考试中稳居第一名，开尔文只取得了第二名。

科学家的烦恼

克劳修斯在卡诺定理的基础上，一语道破天机："热不能自发地从较冷的物体传到较热的物体。"他成为热力学第二定律的两个主要奠基人（另一个是开尔文）之一。

就是这句浅显易懂的热力学第二定律，令克劳修斯苦恼不已。因为这个理论听上去过于大白话，当时任何一个人都可以对他提出质疑。于是，他暗暗下定决心，一定要把理论制定得更深奥，免除这部分的烦恼。

科学家的付出

德国物理学家克劳修斯提出了熵的概念，奥地利物理学家玻尔兹曼对熵进行了更深入的研究，熵的初始值为正，且只能增加不能减少。一时间，不仅局限在热力学，各个领域都对熵争相评论，涉及原子论、统计力学、宇宙学、信息论，甚至社会学界也赶来凑热闹。这场讨论，在社会学界引起了轩然大波，按照玻尔兹曼的理论，人只能变得更坏，社会也会逐渐走向灭亡。这次的学术争论，是玻尔兹曼意料之外的，最终他因受不了舆论的压力选择了自杀。

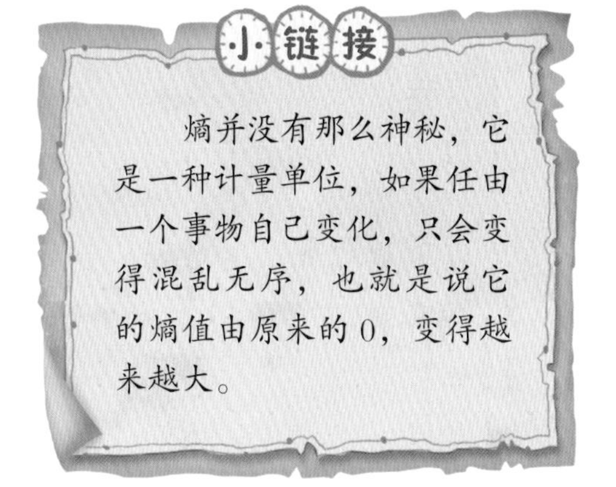

小链接

熵并没有那么神秘，它是一种计量单位，如果任由一个事物自己变化，只会变得混乱无序，也就是说它的熵值由原来的0，变得越来越大。

热力学第三定律：挑战极限条件

在研究温度时，避免不了低温的研究，这时，科学家们有了新的发现，绝对温度是温度的界定值，当物质达到这个温度时，会呈现出截然不同的状态。于是，他们放弃了制造永动机，改为争相接近绝对零度，并成为当时的风尚。

绝对零度难实现

绝对零度是热力学的最低温度，但只是理论上的下限值，许多科学家都提出了绝对零度的难实现性。这是因为当粒子停止运动时，动能变为零，热能也是零，但是动能、势能不可能成为负数，所以绝对零度就是温度的最低值。微观粒子是躁动的，粒子的运动不可能停止，温度只能无限接近绝对零度，而无法到达。

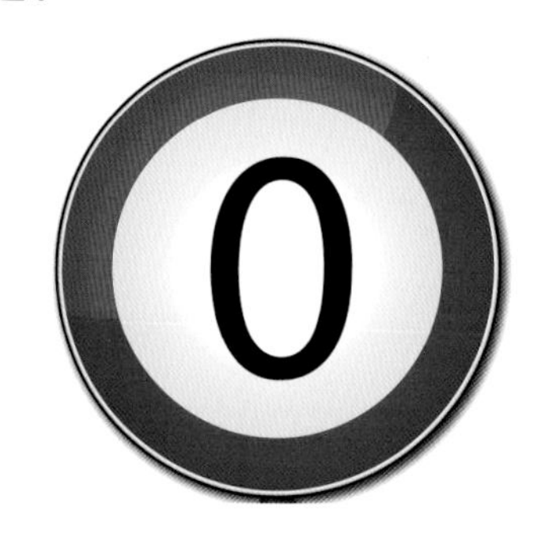

摄氏度的由来

摄氏度（℃），为温标单位，是瑞典天文学家安德斯·摄尔修斯于1742年提出的。因为摄尔修斯的第一个字是摄，所以，这种温度单位就叫作摄氏度。

在一个标准大气压下，纯净的冰水混合物的温度为0℃，水的沸点为100℃。他把中间的温度分成100份，这样就得到了温度的计量标准，还确定了摄氏度与开尔文温度之间的联系，即开氏度（K）= 摄氏度（℃）+273.15。

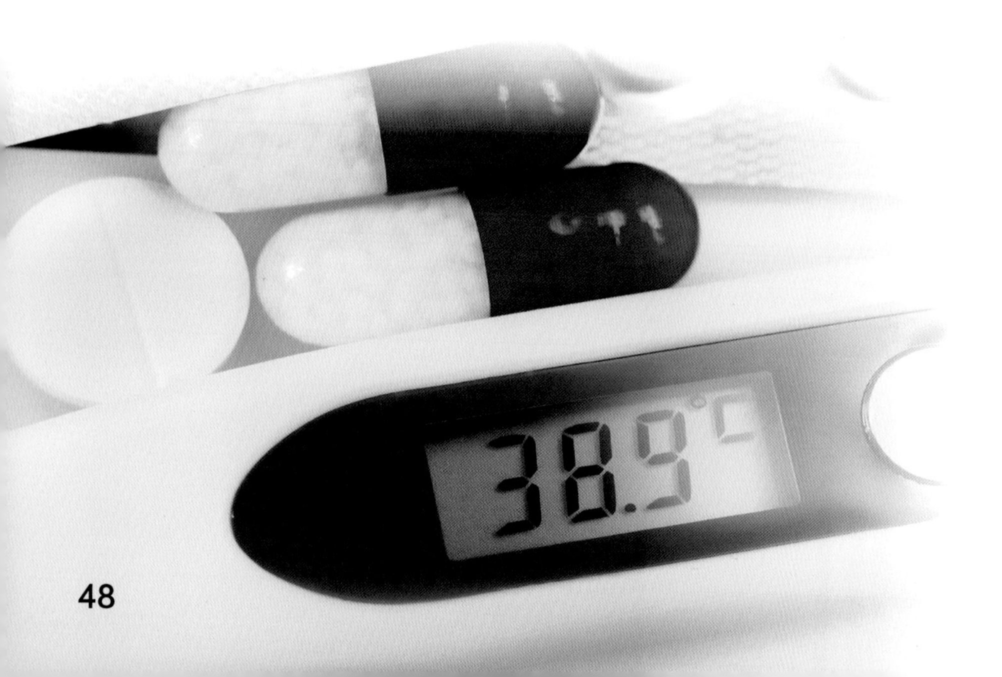

大气压的存在

用嘴一吸，水就能沿着吸管跑到我们嘴里来，这主要是依靠大气压力的帮助。在地球的周围包着一层厚厚的空气，称为大气层。哪里有空气，哪里就要受到大气的压力。

吸管插在杯子里，吸管的里面和外面都跟空气接触，都受到大气的压力，而且内外受到的大气压力相等，这时，吸管内外的水保持在同一个水平面上。吸管里的空气被我们吸掉后，吸管里没有了空气，作用在吸管内水面上的压力就比吸管外水面上的压力小，这样，大气压力就会把饮料压进吸管，使吸管内的水面上升。我们不停地吸，饮料就源源不断地跑到嘴里来了。

宇航服的重要性

1971 年 6 月 30 日，苏联“联盟 11 号”飞船，在太空飞行中因宇航员座舱漏气而发生突然减压，3 名宇航员全部死亡，而且什么挣扎、痛苦的表情也没有。突然暴露在没有大气压的空间，体内的压强比外界压强高，人不但吸不进氧气，反而因为体内的氧气压力极高，氧气被呼出了。一旦缺氧，10 余秒之内，大脑就会失去一切活动能力。而要在这 10 余秒之内采取有效措施，几乎是不可能的。以防万一，宇航员有时在密封舱内也要穿宇航服。

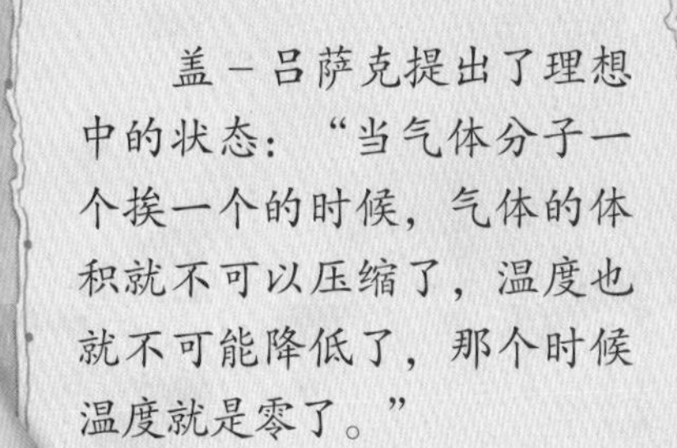

小链接

盖－吕萨克提出了理想中的状态：“当气体分子一个挨一个的时候，气体的体积就不可以压缩了，温度也就不可能降低了，那个时候温度就是零了。”

大力出奇迹：低温的世界

人们对于低温世界，从未停止探索的脚步。科学家们如发现新大陆般，破解了魔术般的低温世界的秘密。在低温环境下，各种物质表现得非同寻常。比如，把一束鲜花放在液态氮中一浸，拿出来摔到地上会像玻璃一样破碎；把一只橡皮球放在液态氮里一浸，拿出来后能像铃铛一样敲响；水银在低温下冻得比铁还硬，可以用锤子把它钉在墙上……

低温有极限，高温却没有？

科学家认为，温度不断下降，就会导致粒子的活动减弱，粒子的运动也就会越来越慢，如果粒子完全停止了运动，就达到了绝对零度。也就是说，在微观世界当中粒子的运动停止了，处于一个静止的状态，那么自然而然，温度也就不会再继续下降了。

我们目前对科学的理解还非常有限，而且科学是没有尽头的。说不定在未来我们会发现，温度也是有上限的，推翻目前的理论。我们对宇宙的探索也非常的有限，还不能给出一个完全的答案。

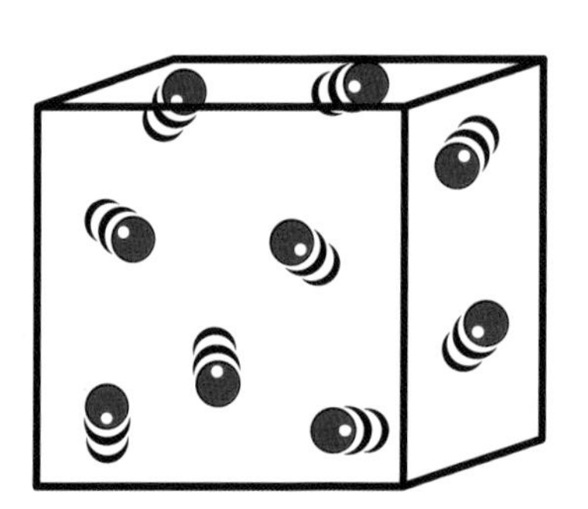

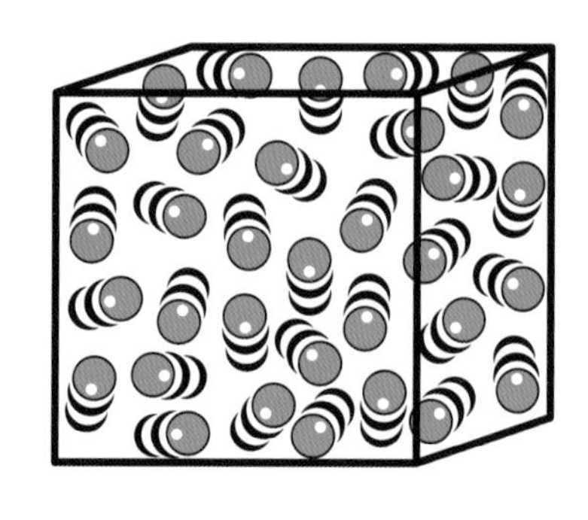

可以保鲜的冰箱

炎热的夏季，闷热潮湿，不但让人汗流浃背，而且会使食品瓜果很快变质，不易保存。而随着生活中不可缺少的食品存放用具——冰箱和冰柜进入千家万户，人们就不用再为食物的贮藏发愁，也不用为买不到消暑的饮品而担心，因为冰箱和冰柜能轻而易举地解决这些问题。

冰箱和冰柜就是通过热交换的原理将内部的循环空气降温，并始终保持在相对较低的温度上，这个功能则是依赖于安装在冰箱、冰柜内的制冷系统来实现的。

低温下可以延长生命吗？

有科学家在研究低温过程中，奇迹般地发现被霜冻的树蛙，在解冻后又活蹦乱跳地“复活”了。这只树蛙揭露了低温下生命秘密的一角，也给我们提供了可供参考的答案。

现实中，也有人选择了使用低温冷冻技术，采取冻卵的方式保存卵子，将卵子冷冻在 -196℃的液氮中。目前，四川泸州首例“冻卵”宝宝已经顺利降生。此次“冻卵”成功，是医院辅助生育技术的一项重大突破。但这项技术能否应用于更广的领域，科学家们还不得而知。

超导电性的广泛应用

在工业领域，超导电性也有着广泛的应用，遍及电能、电机、交通运输、空间技术等各个方面。例如，美国、日本、法国、苏联等国家都进行过超导电机和超导磁流体发电的试验，还有许多国家试图将超导磁体用作变控热核堆的等离子体约束磁场等。

在交通运输方面，日本最先设计出超导磁悬浮列车，速度可达到 500 千米 / 小时，并且样车已在东京—大阪间进行了演示。在空间技术领域，虽然人们应用超导磁体的时间不长，但有许多设想已经得到实现，如超导磁体轨道、火箭内磁力系统、宇宙辐射用磁分析器等。

小链接

南极洲是世界上最冷的地区，素有“白色大陆”之称。可是，令人惊讶的是，科学家们在这个冰封雪裹的世界里却发现了一个水温很高的热水湖——范达湖。这个湖最深处 68.6 米，水温高达 25℃，盐类含量为海水的 6 倍多，氯化钙的含量高得吓人，是海水的 18 倍。

致敬科学家：自带主角光环的牛顿

提到牛顿，几乎无人不知，无人不晓。就像牛顿墓碑的碑文最末一句写的那样，他是足以“让人类欢呼曾经存在过这样伟大的一位人类之光”。

被苹果眷顾的人

相信大家都听过那个耳熟能详的牛顿与苹果的故事，机缘巧合下，牛顿被树上的苹果砸中，便产生了科研灵感，进而发现了万有引力。世界上最著名的有3个苹果，一个诱惑了夏娃，一个捆绑了乔布斯，另一个就是启发了牛顿。这个故事的真实性，我们无从考证。但是，他确实为物理学开辟了新的领域，他发现了运动定律、提出了光折射定律、创建了力学体系。

牛顿被安妮女王封为爵士，他是第一位获此殊荣的科学家。牛顿以85岁的高龄过世后，英国人将他葬于西敏寺，英国的社会名流无不以死后能安葬于此为荣。

终身未婚

牛顿的钻研精神是惊人的，以至于我们这位“近代物理学之父”终身未婚，与自己热爱的科学相伴一生。

据说，有一次，他边读书边煮鸡蛋，揭锅时发现煮的竟是怀表。还有一次，他请一个朋友来吃饭，自己却在内室做实验。朋友见他迟迟不出来，担心饭菜会凉，就把牛顿的饭菜吃了个精光。后来，牛顿忙完从实验室出来后，见到餐桌上空空的盘子，竟自言自语地说：“我以为自己没吃饭呢，原来已经吃啦！”

站在巨人的肩膀上

斜杠青年罗伯特·胡克理性的外表下流淌着艺术与美的浪漫血液，他觉察到引力和地球上物体的重力有同样的本质，并提到引力的大小与距离的平方成反比的猜测，只是没有加以佐证。多年以后，这一成果被牛顿证实，从此声名大噪。当牛顿谈及自己的成就时，他说出了那句经典的话：“因为我站在巨人的肩膀上！”

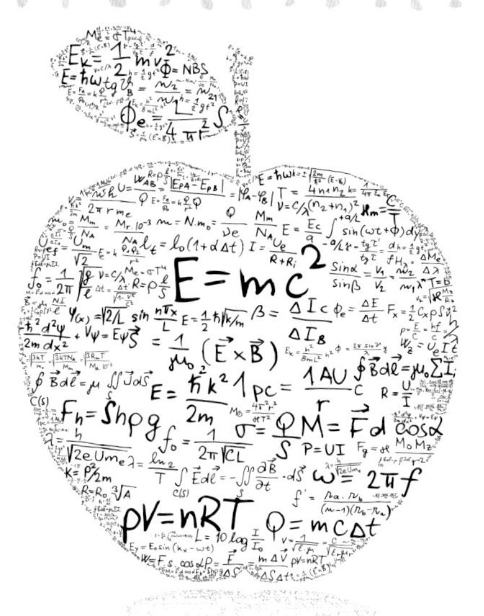

热衷炼金术

晚年的牛顿热衷于炼金术，而炼金术在古代是一门非常神秘而复杂的学问，目的是将贱金属转变为贵金属，尤其是黄金。这一点类似于我们中国古代神话传说中的“点石成金”，掌握此术后便可一夜暴富。

至于牛顿为什么沉迷于炼金术，有人称牛顿在一次炒股中失利，不仅赔光了家产，甚至还负了债。渴望从中翻盘的牛顿，将希望寄托在炼金术上，企图摆脱困境。现在我们知道此术是行不通的，我们无法通过技术手段改变物质的属性，这也是牛顿一直没有收获成功的原因，但他给后人留下了数百万字的炼金术手稿，颇具收藏价值。

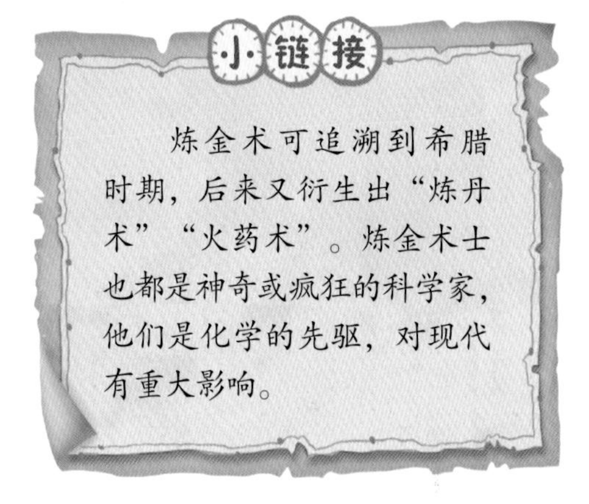
小链接

炼金术可追溯到希腊时期，后来又衍生出“炼丹术”“火药术”。炼金术士也都是神奇或疯狂的科学家，他们是化学的先驱，对现代有重大影响。

人体能承受的高温

住在温带的人，当周围空气的温度超过正常体温——37℃时，早就汗流浃背，热不可耐了。如若温度再高，就好像难于长时间在这种环境下坚持了。其实，人体耐热的能力，比我们所想象的要强得多。

住在素有“三大火炉”之称的武汉、重庆等地区的人，需要承受的气温往往高达40℃以上，每年都要经受不可言状的酷热之苦。热带人民能忍受住的温度，比住在温带的人所能忍受的温度要高得多。澳大利亚中部夏天的温度往往高到46℃，最高甚至到过55℃。在从红海驶入波斯湾的航道上，船舱里虽然不断地通着风，里面的温度仍然高达50℃以上。墨西哥的圣路易斯，是地球上有名的“热板”，夏天的气温经常在50℃左右，1933年8月曾经达到57.8℃，然而那里的人照样安然无恙。北美洲的加利福尼亚一个名叫“死谷”的地方，也曾经达到57℃左右的温度。

现在已经能用实验方法测量人体能忍受的最高温度（被测试的人要身体强壮，没有疾病）。在干燥的空气里，把人体周围的温度非常缓慢地升高，人不但能忍受住沸水的温度（100℃），有时还能忍受住高达160℃的温度！

不过要人体能够忍受住高温，最主要的条件是：人体不能直接接触热源。在上面的实验里。两位物理学家是站在绝热板上的，而且空气必须干燥，同时实验者要喝大量的水，以便分泌出大量的汗水。看来处于高温中的人，汗水的蒸发，还真是生死攸关的大事哩！

很多人有这样的经验，盛夏温度达到30℃以上，反而比梅雨季节温度只有20℃左右更好忍受些。原因在于梅雨天的相对湿度高，而盛夏的相对湿度比较低。

WU LI JIAN SHI

第四章

照亮黑暗的光

萌芽时期：追寻光明

光学科学的储备期，属于人类早期不同社会群体对光现象的猜测和思考，是探索科学的开始。尽管这个时期，科学家们对科学的认识有片面性，但我们必须承认他们是伟大的，科学是站在前人的肩膀上才有了新发现。他们对科学的探索精神，指引着一代又一代的科学家们前行。

小孔成像

早在春秋战国时编写的《墨经》已记载了小孔成像的实验。到了宋代，沈括在《梦溪笔谈》中描写了他做过的一个实验：在纸窗上开一个小孔，使窗外的飞鸢和塔的影子成像于室内的纸屏上，他发现，“若鸢飞空中，其影随鸢而移，或中间为窗所束，则影与鸢遂相违，鸢东则影西，鸢西则影东，又如窗隙中楼塔之影，中间为窗所束，亦皆倒垂”。进一步用物动影移说明因光线的直进“为窗所束”而形成倒像。

冰透镜取火

早在晋代张华的《博物志》就有记载：“削冰令圆，举以向日，以艾承其影，则得火。”冰透镜取火，就是利用凸透镜对光的会聚作用。人们取大小适度的一块冰，首先将冰磨制成一面凸透镜。然后，利用太阳光找到冰凸透镜的焦点，便可利用此冰凸透镜引燃火种。

阿基米德的聚光武器

有这样一个传说：当时罗马人包围了锡拉库扎，阿基米德利用镜子反射太阳光来保护自己的家乡。当敌人的船只靠近，到达镜子反射光的范围内之后，“百手巨人”阿基米德就会带领城邦百姓拿着镜子走上城墙，通过反射阳光，使光聚焦到一点，点燃进犯的船只。

科学就是不断接近真理的过程

柏拉图曾讲授过光的直线传播以及反射，认识到反射角与入射角相等；公元 2 世纪，希腊人托勒密探讨了折射现象，测量了折射角和入射角，并将其绘制成一个表格。他发现，在角度小的情况下，入射角和折射角成比例是近似正确的。

小链接

“日出而作，日落而息”是人类数万年以来随着太阳光的变化而形成的一个生活规律，也称为人体生物钟。在夜间，灯光色温越低、蓝光越少，对于褪黑激素分泌的抑制越低，因此在夜间改用低色温灯光照明可以减少光线对生理时钟的扰乱。

几何光学时期：发现光的美

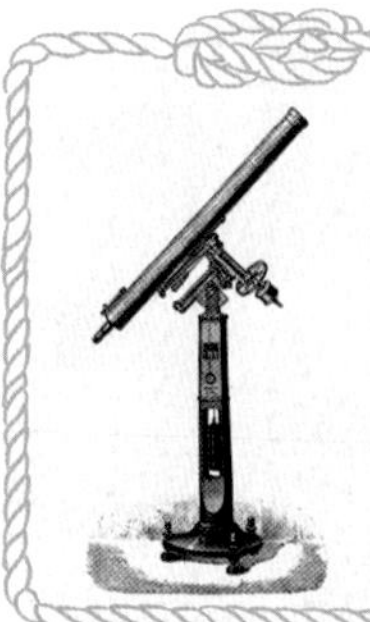

几何光学是光学发展史上的转折点，在这个时期建立了光的反射定律和折射定律，奠定了几何光学的基础。同时为了提高人眼的观察能力，人们发明了光学仪器，促进了天文学和航海事业的发展，同时为生物学的研究提供了强有力的工具。

被物理学耽误的数学家

法国科学家皮埃尔·德·费马在1662年提出费马原理，是几何光学中的一条重要原理，由此原理可证明光在均匀介质中传播时遵从的直线传播定律、反射和折射定律，以及傍轴条件下透镜的等光程性等。

费马一生从未受过专门的数学教育，数学研究也不过是业余爱好。然而，他对数学的贡献在当时无人能与之匹敌：他是解析几何的发明者之一；对于微积分诞生的贡献仅次于牛顿、莱布尼茨；他还是概率论的主要创始人，并且独自撑起了17世纪的数论天地。

光的物理美

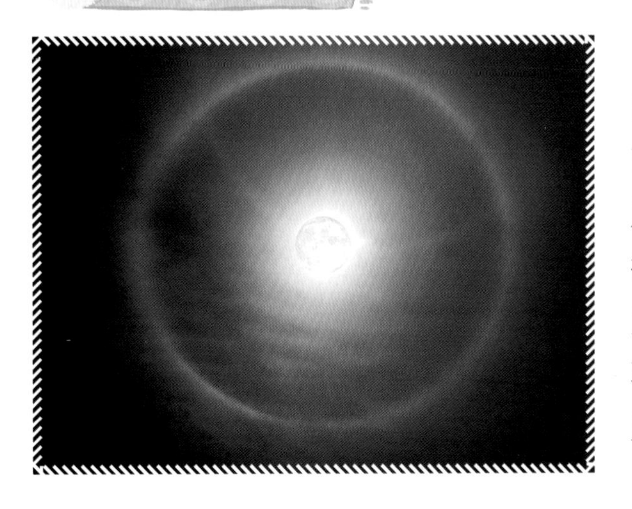

用一个曲率半径很大的凸透镜的凸面和一块平面玻璃接触，在日光下或用白光照射时，可以看到接触点为一暗点，其周围为一些明暗相间的彩色圆环；而用单色光照射时，则表现为一些明暗相间的单色圆环。这些圆环的距离不等，随与中心点的距离的增加而逐渐变窄。它们是由球面上透射和平面上反射的光线相互干涉而形成的光的干涉条纹，也称为“牛顿环”。

富有争议的望远镜发明者

谁才是望远镜的发明者？许多国家都在努力争取这份殊荣。有的人认为是伽利略最先发明了望远镜，有的人认为是荷兰的汉斯·利普赫……

1608年10月2日，汉斯·利普赫向政府申请了一项专利。很快就有人出价要求修改他手里的装置，希望他制造一种可以供双眼使用的仪器。随后，他就将这样的仪器制作完成。荷兰政府出900基尔德的价格从他手里买走了这个仪器。次年，荷兰政府又花同样的价格，从他手里买走了两个双筒望远镜。

显微镜问世

显微镜最早问世时，是由一个透镜或几个透镜组合构成的一种光学仪器，可以放大肉眼看不到的微小物体。显微镜将一个全新的微生物世界展现在人类的视野里，人们得以见到人体及植物纤维等各种东西的内部构造。

显微镜陪伴伽利略、牛顿、麦克斯韦、爱因斯坦一路走来，从光学显微镜、电子显微镜到扫描隧道显微镜，显微术与近现代科学结伴同行，走过了400多年的历程。

小链接

23岁到25岁处于黄金时期的牛顿宅在家里，不串门、不逛街、不聚会，痴迷于对光学的研究。他对光的色散进行了实验研究，将粒子和力等概念渗透到光学中，从而将光的本性解释为物质的微粒，提出了完整的“粒子说”，建立了完整的光学体系。粒子说能够在相当程度上完整地解释几何光学。

光学过渡时期：光与影相伴

受先入为主思想的影响，大多数人不愿意再去接受新的思想。科学家之所以能够成功，就是敢于质疑前人提出的观点。在这个时期，光的直线传播占据主导，波动光学思想也在生根发芽。

哈哈镜

站在哈哈镜前，就会看到镜子里的自己变得细小瘦高，或者变得矮小粗胖，或者头小身子大，或者又反过来，头大身子小……

一面哈哈镜往往包含着三种镜子：平面镜、凸面镜、凹面镜，把三种镜子组合在一块镜面上，变化就多了。当人站在镜前，各种镜面都按各自的成像规律成像，人的不同部位分别呈现放大或缩小不同倍数的像。由于镜面是连接在一起的，所成的人像也是一个整体，哈哈镜中就形成了多变的畸形人像。

望远镜助战

利珀希是荷兰的一个眼镜制造商。他的孩子趁他不在时，偷偷玩弄那些透镜。当他把两块透镜放在眼前，一块离眼近一块离眼远时，他惊讶地发现远处原来看不清的东西竟然变得又大又近了！利珀希发现后深受启发，于是，他配备了一根金属管，透镜则安装在管子两端适宜的位置上。这样，世界上第一个望远镜就诞生了，利珀希把它称为“视管”。

当时，荷兰正在进行一场反抗西班牙的独立战争，已经苦战了40年。爱国的利珀希把自己发明的望远镜献给了荷兰政府。有了望远镜，荷兰士兵可以更早地发现敌人，在战争中处于优势地位，并最终赢得了独立战争。

小小尾灯作用大

英国是一个多雾的国家，自行车的风行给交通安全带来了很大的隐患。英国政府为了解决这个问题，悬赏征集建议。经过多方研讨，最终解决问题的方案就是普及使用我们现在使用的尾灯。

仔细观察尾灯的红色塑料片，上面有很多凸起的部分，每个凸起的部分都是一个角反射器。当汽车灯光照向自行车时，光按原来方向反射回去，自行车的尾灯能强烈地发亮，引起司机的注意。

照相机

在照相机发明之前，想要在历史上留下自己的脸给后人瞻仰，可不是一件容易的事情。尤其是穷人，根本无力支付昂贵的画师费用，只有达官贵人才有能力以此为消遣，将自己的肖像留给后代。他们对肖像画的要求相当高，不仅要画得像他本人，而且光线色彩要非常完美，能达到这个要求的画师要价斐然。人们迫切希望能有一位平价的“画师”，让所有人都有能力为自己的美买单。于是，照相机应运而生。

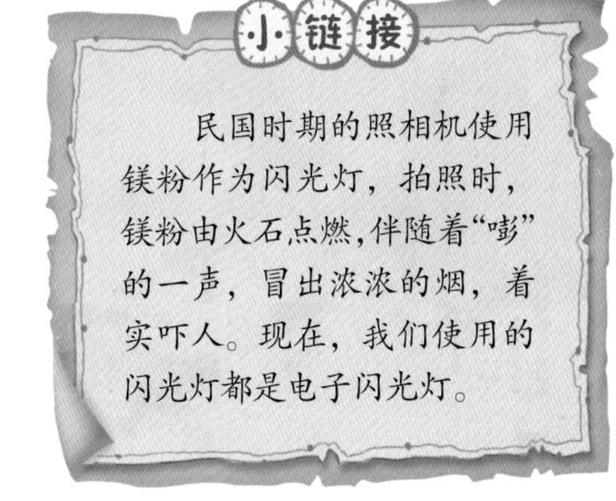

小链接

民国时期的照相机使用镁粉作为闪光灯，拍照时，镁粉由火石点燃，伴随着“嘭”的一声，冒出浓浓的烟，着实吓人。现在，我们使用的闪光灯都是电子闪光灯。

照相机就是一种利用光学成像原理形成影像并使用底片记录影像的设备。早期的照相机体积比较大，携带并不方便。

波动时期：控制光的传播

这个时期“光”的概念已经不局限于可见光，以波动光学为主导，取代了牛顿的微粒说，波动学说主要研究光的干涉、衍射、偏振现象。后来，由光学并入了电磁学，成为电磁学的一个分支。

光的波动说奠基人

英国医生托马斯·杨非常喜欢科学，他取得的最大成就是在光学领域。他用叠加原理解释了干涉现象，在历史上第一次测定了光的波长，为光的波动学说的确立奠定了基础；还首次测量出了红、橙、黄、绿、青、蓝、紫7种光的波长，并最先提出和建立了光学三原色理论，指出一切光色都可以由红、绿、蓝这三种原色叠加得到。

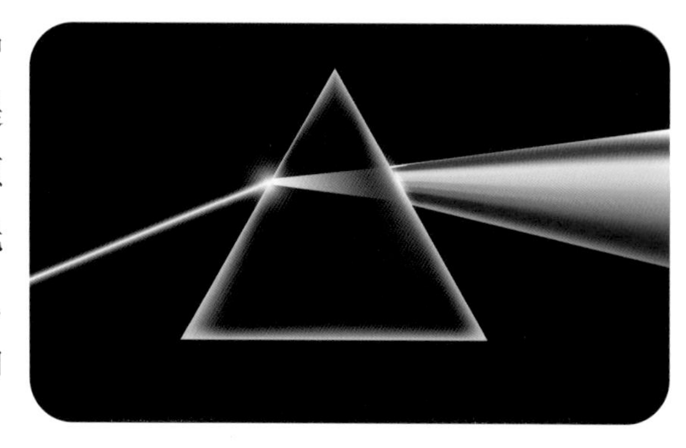

夕阳是红的

太阳光中的光线是无序的，它们的振动方向是随机的。当太阳光穿过大气层时，大气层中的分子会散射光线，使得光线的振动方向发生改变，从而使太阳光发生偏振现象。这种现象在日落时尤为明显，因为太阳光在穿过大气层时，会被散射成红色的光线，而红色光线的偏振现象比其他颜色的光线更为明显。光的偏振现象是由法国物理学家马吕斯提出的，确定了偏振光强度变化的规律。

菲涅耳透镜

如果你有机会去法国巴黎的埃菲尔铁塔，就可以观察到塔身上镌刻着 72 个人名，奥古斯丁·菲涅耳就是其中之一，他被后人称为“物理光学的缔造者”。

他发明了菲涅耳透镜，比一般的透镜减少了材料，体积更小、镜片更薄，可以透过更多的光，同时也易于建造更大孔径的透镜。菲涅耳透镜最早运用在了灯塔上面，在生产生活中也有着广泛的应用，比如汽车头灯、手机闪光灯等，菲涅尔光学助降系统中都有其身影。

身手矫健的光

光在传播时，如果遇到障碍物或者遇到狭缝，会偏离直线传播的途径，发生弯曲、扩散、交错等现象，绕到障碍物后面继续传播，这种现象叫作光的衍射。

衍射现象在我们的生活中随处可见，比如，太阳眼镜就是利用光的衍射原理来过滤掉对人体有害的紫外线和蓝光，从而保护我们的眼睛；阳光下五彩缤纷的肥皂泡，属于薄膜干涉，也是一种衍射现象，衍射现象让我们发现了生活中更多的美。

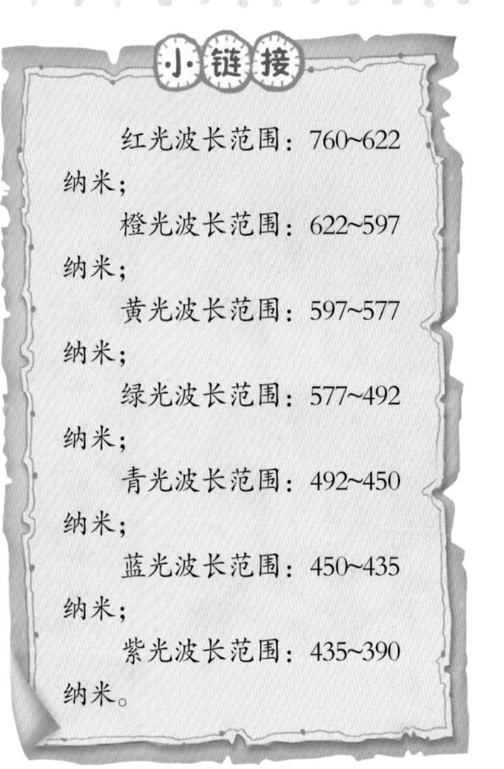

小链接

红光波长范围：760~622 纳米；

橙光波长范围：622~597 纳米；

黄光波长范围：597~577 纳米；

绿光波长范围：577~492 纳米；

青光波长范围：492~450 纳米；

蓝光波长范围：450~435 纳米；

紫光波长范围：435~390 纳米。

量子光学时期：发现光的能量

随着量子力学和量子电动力学相继建立，光学理论也进入量子时代，称为量子光学。但量子光学的理论比较复杂，在很多情况下，仍然可以使用几何光学和波动光学的理论来解决问题。

量子论开山鼻祖普朗克

1901 年普朗克提出了划时代的假设——“能量量子化”。经典物理学认为“能量连续”，而他提出能量可以是不连续的、离散的、量子化的。普朗克在这一伟大突破的帮助下，成功揭开了“黑体辐射”的神秘面纱，更带领物理学向量子物理迈进。

在科学领域，利用黑体辐射原理，制成能吸收雷达波的黑色涂料，可用于涂布隐形飞机表面的涂层；利用黑体辐射原理，可以阐明激光原理，从而发明了激光器，让激光在照明和测量控制领域大放异彩。

光电效应

爱因斯坦用量子化的概念解释了光电效应，他认为光是由光子（光量子）组成的，光子的静止质量为 0，光子一个一个地打到金属表面的电子上，电子吸收光子的能量，如果吸收的能量大于原子核的束缚能，那么电子就脱离原子核的束缚，逸出到金属的表面形成电流。由光形成电流的现象叫作“光电效应”。

现在光电效应成为人们公认的事实：光是一种电磁波，它具有波粒二象性，它有运动质量，速度为 299792458 米 / 秒！

神秘特工——X 射线

X 射线就像一位神秘特工，我们看不到、感觉不到它，但它却存在于我们周围。X 射线是由德国维尔茨堡大学校长兼物理研究所所长伦琴教授发现的，具有很强的穿透性。伦琴教授用 X 射线对准他夫人的手照射 15 分钟，显影后，底片上清晰地呈现出夫人的手骨影像，就连手指上的结婚戒指都很清楚地显现出来。

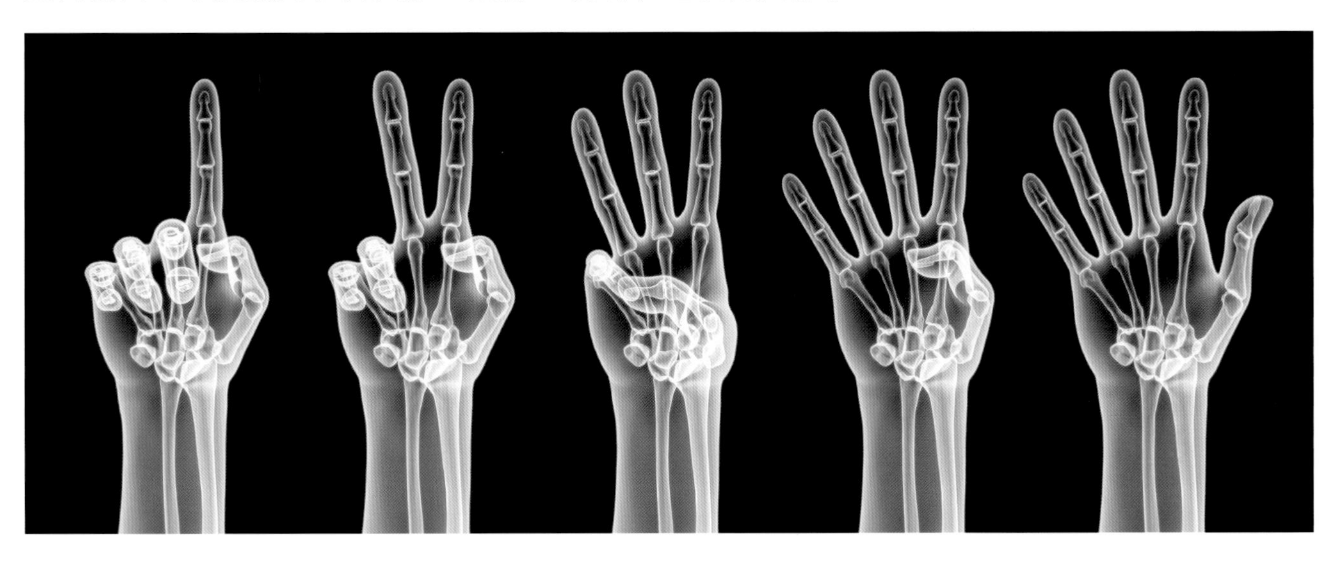

外太空的“眼睛”

电子侦察卫星是利用电磁波信号进行侦察，卫星上装有侦察接收机和磁带记录器。卫星飞经目标上空时，将各种频率的无线电电磁信号记录在磁带上，当卫星飞行至自己一方上空时，回收磁带将信息传回地面。这种卫星可以侦察敌方防空和反弹道导弹雷达的位置、使用的频率等性能参数，从而为己方的战略轰炸机和弹道导弹的突防和实施电子干扰提供依据。电子侦察卫星还可以探测敌方军用电台的位置，窃听其通信。

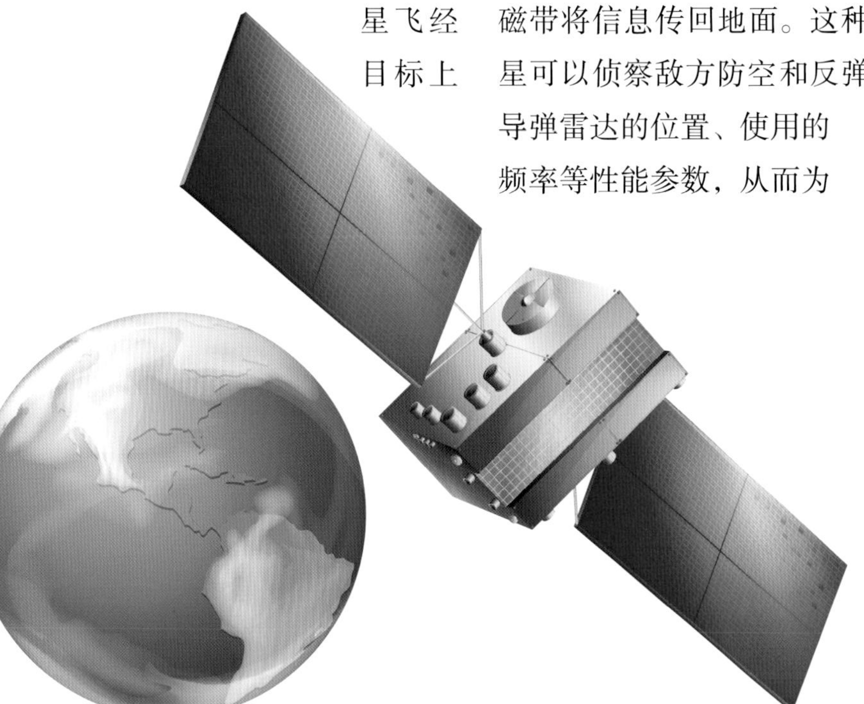

小链接

微波炉的原理与传统的加热方式完全不同，它是利用快速变化的电场来直接影响食物内部的原子运动，从而对食物进行加热。微波炉里不能放不锈钢碗，因为在加热时，微波炉会与之产生电火花并反射微波，既损伤炉体又热不透食物。

现代光学时期：捕捉能量粒子

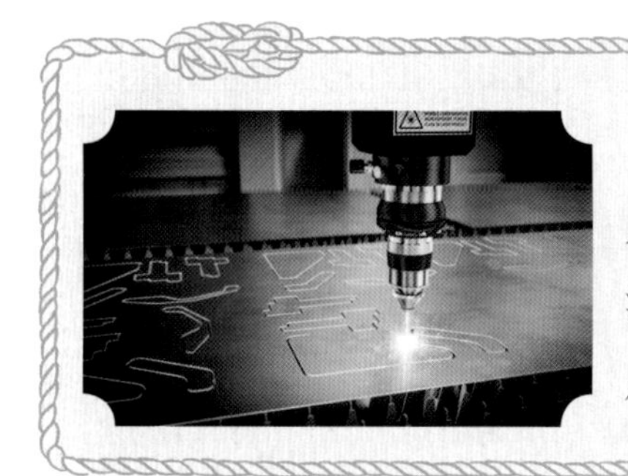

激光的发明是光学发展史上的一个革命性的里程碑，人们可以充分利用光的特性造福人类，现代光学就是基于激光的发展而建立起来的。自此，光学进入一个全新的发展阶段，又派生出了许多崭新的分支学科。

激光横空出世

1960年，美国科学家梅曼制成了第一台红宝石激光器，使人类第一次得到自然界中不存在的光源——激光。从此，人类进入光与信息的时代，比如，依赖光纤通信的计算机信息传输、依赖光刻的芯片、新兴的自动驾驶感知系统、光学显微镜、激光美容、激光安检和激光武器等。

百年一遇的日全食

日全食是日食的一种，即在地球上的部分地区太阳光被月亮全部遮住的天文现象。日全食分为初亏、食既、食甚、生光、复圆5个阶段。由于月球比地球小，只有在月球本影中的人们才能看到日全食。民间称此现象为天狗食日。

2009年7月22日上午，500年一遇的罕见日全食在天空上演。此次日全食从日食初亏到复圆长达2个多小时，日全食的持续时间最长可达6分钟左右。这是1814—2309年间中国境内可观测到的持续时间最长的一次日全食活动，也是世界历史上覆盖人口最多的一次日全食。下一次发生在我国的可观赏的日全食是在2034年3月20日，不过仅有西藏、青海等地区能看到全食。

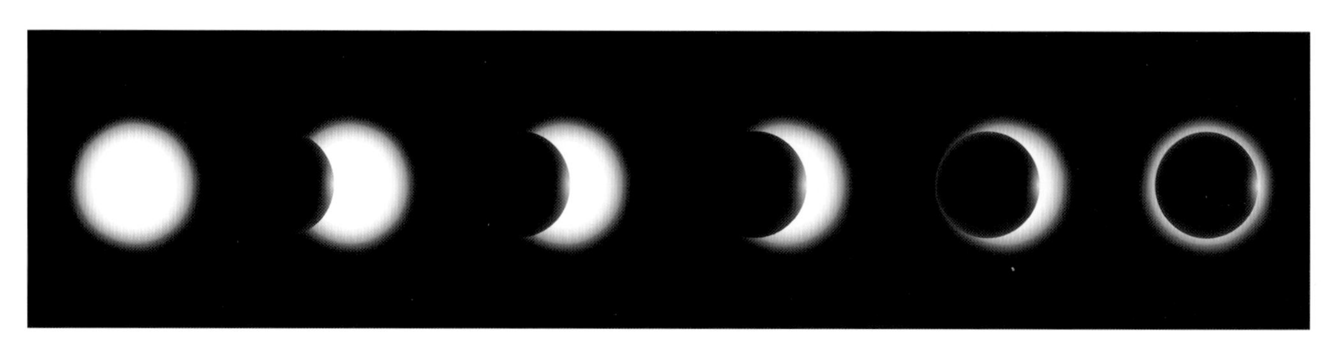

幽灵粒子

科学家们在研究放射物质的时候注意到，原子核放出一个电子（或正电子）的时候，会带走一些能量。可是，仔细地算一算，损失的能量比电子带走的能量大，有部分能量丢失了。有科学家猜测是中微子偷走了能量，直到1956年，美国科学家柯文和莱因斯宣布，他们捉到了中微子，才验证了这一说法。他们做了一个很大的探测器，埋在一个核反应堆的地下，埋得很深，经过相当长的时间，测到了从核反应堆中放出来的中微子束。

神秘的中微子终于露面了，然而，科学家仍然没有完全看清它的真面目，这个小小的粒子像一个幽灵粒子，给我们留下了新的难以破解的谜题。

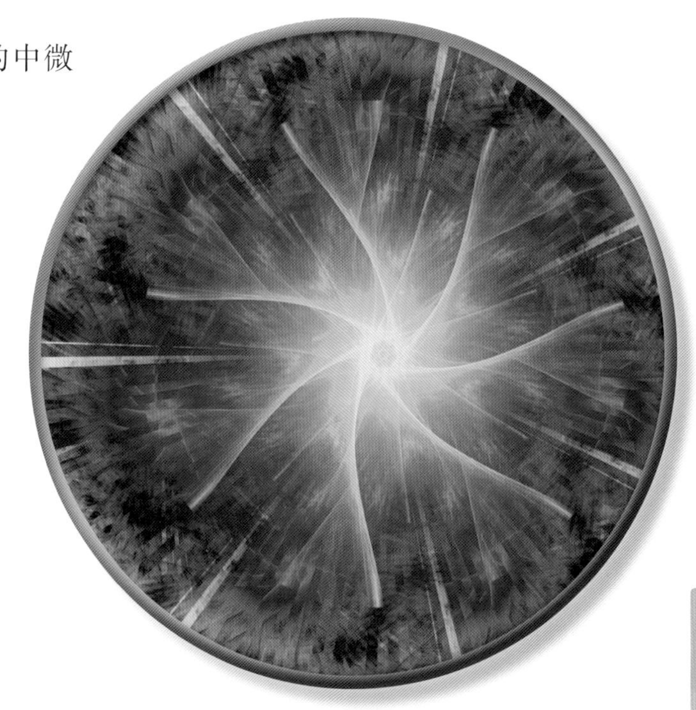

时空记录者

哈勃空间望远镜运行于距地面613千米高的轨道上，每973分钟绕地球一周。美国为了研制这台世界第一号的天文望远镜，耗资21亿美元，用了近13年时间，花费了巨大的人力、财力。但是，由于操作者的失误，哈勃空间望远镜成了“近视眼”。为了修复这台“巨眼”，美国国家航空航天局（NASA）又花费巨资，制订了一套修整计划。经过多次太空修复工程，给“哈勃”戴上了一副“眼镜”——“光学太空望远镜偏差校正仪”。这副“眼镜”，或许是世界上最贵的眼镜，它耗费了2亿～3亿美元。

小链接

人们通过望远镜只能观察天体的外部面貌，而无法研究天体的内在结构。有了天体光谱的研究后，目前已对上千条太阳光谱中的暗线做了认证，在太阳上找到了67种地球上已有的元素。同时，天体物理学家研究了其他的恒星光谱，大大丰富了人类对宇宙的认识。

致敬科学家：有趣的费曼

获得诺贝尔物理学奖的费曼直言：做一个有趣的人比获得诺贝尔奖更难，也更重要。他善于发现事物中的趣味性，正如今天还在学习的你们，要像费曼是牛顿的传人，而牛顿是伽利略的传人一样，成为费曼的传人，努力发现学习中的乐趣。

换一种思路去理解

费曼不像其他科学家那样说话深奥，他总是直言不讳又通俗易懂，这和他父亲的教育方式有关。小时候，他跟父亲一起读《大英百科全书》，当读到“恐龙的身高有25英尺，头有6英尺宽”时，小费曼似乎对25英尺不太理解，若有所思地皱着眉头。

父亲看出了费曼的不解，便引导他去理解：恐龙站在门前的院子里，它的身高足以使它的脑袋凑到咱们这两层楼的窗户，它的脑袋却伸不进窗户，足以想象到脑袋比窗户要大得多。经父亲这样一说，费曼对恐龙的身高有了更为清晰的认识。

拥有一双发现趣味的眼睛

一天，闲来无事的费曼在康奈尔大学餐厅里闲逛，他看到一个人正在重复做一件事，将盘子扔向空中，再接住盘子，然后再扔向空中，以此来打发时间。站在一旁观看的费曼注意到盘子在空中旋转、摇晃，上面的校徽也跟着转动，心想：“旋转和晃动之间似乎存在联系，那是什么联系呢？”于是，他找来纸笔开始计算，并从复杂的等式中发现了惊人的狄拉克方程。费曼就是这样，能从最简单的事情中，发现最有趣的现象。

不知为不知

费曼不急于摆脱无知，他享受无知。遇到不熟悉的领域，他会坦言不知道。他认为“无知比相信一个可能错误的答案有趣得多”。他很坦诚，从来不想欺骗任何人，尤其是他自己。他质疑自己的所有假设。和毫无物理学背景的普通人谈论物理时，他从来不依仗作为伟大物理学家的权威。

他的贡献

费曼最重要的贡献是在量子力学的研究上，发明了以他名字命名的“费曼图”。尽管全世界的科学家都在研究量子力学，但是，几乎没有人了解量子力学，量子力学至今未能得到验证，两个相距甚远的粒子相互影响，能表现出令人费解的状态。曼费认为：如果不能用简单的语言来解释这一现象，就说明人类还没有真正地理解它。知其然，更要知其所以然，这是费曼一以贯之的精神。

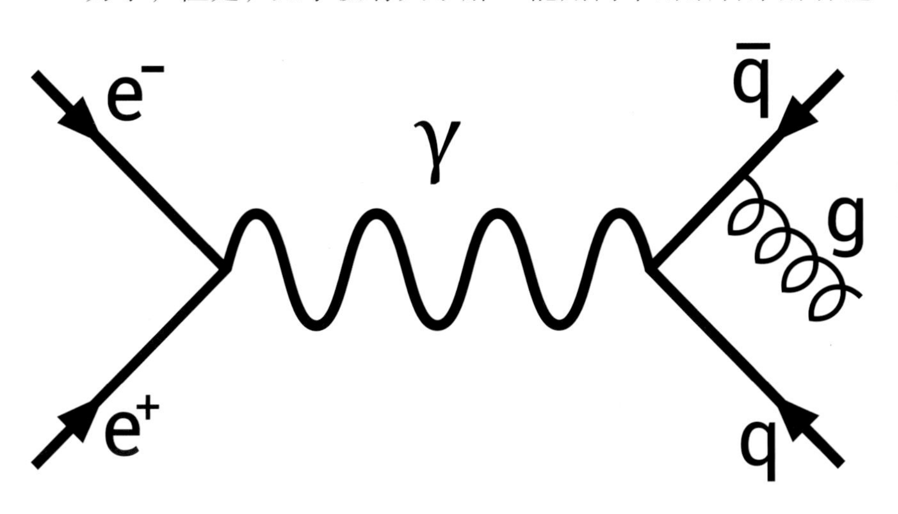

小链接

1943年，在那个没有计算机的年代，数据计算只能仰赖人力。年仅24岁的费曼刚刚获得博士学位，被美国邀请参与研制原子弹项目。最终，由他参与研制的原子弹投在了日本的广岛和长崎，结束了第二次世界大战。

物理加油站

日月并升

太阳和月亮同时从地平线上升起，这是一种罕见的奇特天象，在我国古书上早有记载。在我国浙江省海盐县南北湖鹰窠顶上经常发生这一现象，它和钱塘江边的“海宁观潮”被称为“双绝”而驰名中外。

日月并升现象一般在每年农历十月初一那天出现，最短 5 分钟，最长 31 分钟，一般 15 分钟，每次景象都不一样。大致有以下几种情况：

太阳先升起，月亮随即跃入日心。

太阳升起不久，在太阳旁边出现一个暗灰色月亮，围绕着太阳跳来跳去。一会儿跃到太阳右边，一会儿跃到左边，一会儿落在上面，一会儿又落在下面。当月亮经过太阳时，太阳表面大部被月亮遮盖，颜色变暗，未被遮没的部分就闪现出金黄色的月牙形状。

太阳和月亮重叠，合为一体，同时从江海上升起。太阳直径比月亮稍大一点，太阳外圈显示出血红或青蓝色光环。或月影先在日轮中，后又跳出日轮，在太阳四周跃动。

月亮先出，几乎在同一直线上太阳随之出来，太阳托住月影一起跃动。

上述几种现象，有的与日食过程非常相似，但又显然不是。因为日食不会每年正好发生在农历十月初一，也不会仅发生在鹰窠顶一带。有人认为这大概是太阳光线的折射造成的假象。这种现象在气象学中称为“地面闪烁”。

如果说这是地面闪烁造成的假象，为什么一年只在农历十月初一才会出现呢？鹰窠顶上到底有哪些得天独厚的条件，使人们能目睹这一奇景呢？日月并升是否就是中国史籍上所记载的日月合璧呢？这一切还没有科学的事实根据，只是一个未解之谜。

WU LI JIAN SHI

第五章

不可低估的声音力量

体会声音的美：古代的音乐

声音是人类最早研究的物理现象之一，声学是经典物理学中历史最悠久，并且当前仍处在前沿地位的物理学分支学科。世界上最早的声学研究工作主要在音乐方面。

声学定律

《吕氏春秋》记载，黄帝令伶伦取竹作律，增损长短成十二律；伏羲作琴，三分损益成十三音。三分损益法就是把管（笛、箫）加长三分之一或减短三分之一，这样声音听起来都很和谐，这是最早的声学定律。传说在古希腊时代，毕达哥拉斯也提出了相似的自然律，只不过是用弦作基础。

古代乐器

1957年在中国河南信阳出土了蟠螭文编钟，它是为纪念晋国于公元前525年与楚作战而铸的。其音阶完全符合自然律，音色清纯，可以用来演奏现代音乐。

西方音乐的历史可以追溯到古希腊和古罗马时期。在古罗马时期，人们就使用锣鼓来演奏军乐和庆典音乐。这些乐器在中世纪时期非常普遍，人们用它们来演奏教堂音乐和民间音乐。

中国古代的发音

古代发音与现代发音是不同的，这一点是毋庸置疑的。从南北朝时，人们就发现他们朗读《诗经》的时候舌头常打结，北梁文人沈重因此写了一本《毛诗音》研究这个问题。

因此，中国语言文字委员会录制了一段古汉语的模拟发音，现代的我们听古人的发音，就如同在听外星人语言。

兼 葭 苍 苍　白 露 为 霜
klem kla thjaŋ thjaŋ blag lags ɦɢrar slaŋ

所 谓 伊 人　在 水 一 方
saɦ ɦɢus ɦki snin djeɦ sqhrirɦ ɦkid ɦpaŋ

溯 洄 从 之　道 阻 且 长
sŋaŋs ɦɢuɯr ɦdjoŋ gte duɦ rtjaɦ thjaɦ rdaŋ

溯 游 从 之　宛 在 水 中 央
sŋaŋs ɦdu ɦdjoŋ gte ɦkonɦ djeɦ sqhrirɦ rtuŋ aŋ

中国的方言

据说古代一个地方官员因政绩突出被皇帝召见，讲了一大通，皇帝却一个字都听不懂。为解决这种情况，产生了“通语”，通语是在一个多方言的社会内，产生的一种临时的语言，一般是供上流社会交际沟通时使用。所以皇帝、文武百官之间就能交流啦。

我国有56个民族，是一个多民族、多语言、多文字的国家，各方言区内又分布着若干种方言和许多种“土语”。全国有129种方言。

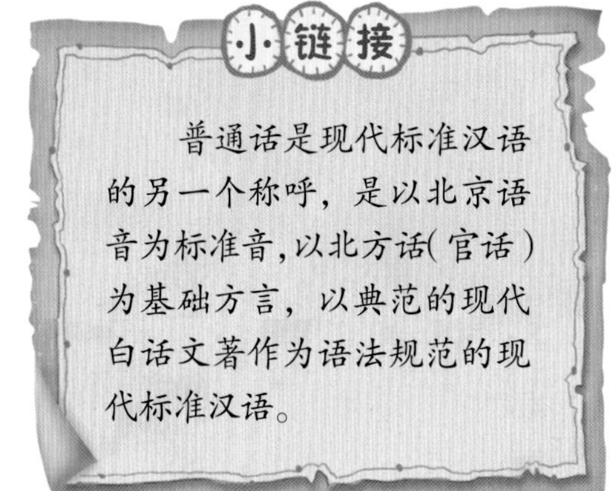

小链接

普通话是现代标准汉语的另一个称呼，是以北京语音为标准音，以北方话(官话)为基础方言，以典范的现代白话文著作为语法规范的现代标准汉语。

直击心灵的声音：声的魅力

我们用“声音”表达我们的想法和观点，在精神的层面上，“声音”是用来表达思想的。例如，婴儿牙牙学语时，从妈妈哼唱的摇篮曲中，感受来自妈妈的安全感。声音是具有能量的，不要低估声音的力量。

以声音断位置

贝多芬与朋友哈莱曼正在楼下一起弹钢琴，哈莱曼忽然听到二楼有不正常的声音，他们认为是有贼入室。于是，他们两人蹑手蹑脚地打开了二楼的门，但除了一座大钟的嘀嗒声，一点别的声音都没有。当贝多芬还在思考窃贼的位置时，哈莱曼抢先判断出了盗贼藏匿的地点，并迅速用手枪击毙了盗贼。

警察闻讯赶来，不解地问哈莱曼是如何得知盗贼的位置的，贝多芬也深感疑惑。原来声音在空气里是从声源向四面八方沿直线传播的，当时，盗贼恰好站在大座钟的前面，挡住了嘀嗒作响的钟摆声，哈莱曼注意到这时声音不如平常那么清晰了，他以敏锐的听觉，准确地判断出了窃贼藏在了钟前。

音乐可以共情

一年秋天，贝多芬在各地巡回演出，来到莱茵河畔的一个小镇上。一天晚上，他在幽静的小路上散步，不经意间听到一所茅屋里，有一对兄妹在谈话，时不时地传来一阵阵钢琴声。他们很喜欢音乐，但是过于贫穷买不起贝多芬演出的门票。

贝多芬推开屋门走了进去，见到了坐在旧钢琴前面的盲姑娘，提出要为这位姑娘弹一首曲子。兄妹二人静静地听着，仿佛看到了大海，月亮正从水天相接的地方升起来，微波粼粼的海面上，霎时间洒满银光……盲姑娘眼睛睁得大大的，仿佛没有失明一般感受到这样的场景。

狮吼功

武侠小说和各种影视剧中，经常会渲染少林七十二绝技之一“狮吼功”，吼一嗓子就飞沙走石，众人瞬间被吹飞，严重者伤及性命。现实当中肯定没有这样的人，但是，确实有人用声音震碎过玻璃杯。

利用哨音通风报信

欧洲淘金时代，有两个英国人随殖民军来到非洲掠夺金刚石矿，不幸的是，他们刚踏入这片土地就被当地的土著人包围。正当这两个英国人百思不解时，他们注意到土著人脖子上挂着一个哨子。

土著人用的哨子很小，发出的不是普通的声音，而是每秒钟振动几万次的超声波。人耳听到的声音，最低是每秒钟振动16次的声音，最高是每秒钟振动2万次的声音。但狗能听见超声波，它一听到超声波就抬头蹭蹭自己的主人。主人就吹哨向远方发出超声波，一站接一站，得到消息的土著人就一起赶来包围了殖民者。

小链接

在我国湖南省有一个神奇的音乐洞，洞内到处是钟乳和石笋。石壁上并排着9～12根间隔均匀、大小长短相近的石埂，只要用岩石或铁锤敲它就能发出声音，敲一排中的任意7根石埂，都会依次发出“1、2、3、4、5、6、7”的音阶。

会跳舞的声音：声音的本质

随着科学的进步，人们对于声学的研究也开始步入基于数学描述和精密测试的轨道，对声音的产生、传播和接收过程都进行了全面的探究，逐步揭示了声现象的本质。

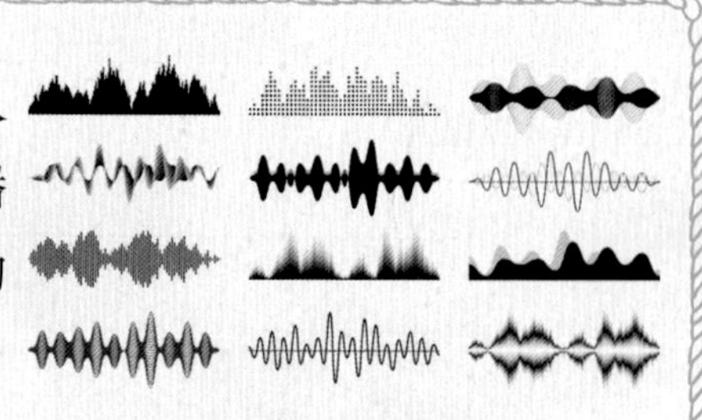

声学里的共振现象

17 世纪初，伽利略在对单摆运动的研究中发现，给单摆施加周期性的同相位推动能够保持甚至逐渐增大单摆的振幅。这一现象使伽利略意识到声学共振现象的产生机制，并针对两根弦发生共振的现象作出了解释，这是由一根弦的振动通过空气传到第二根弦，从而激发起后者的较强振动的过程。此外，伽利略通过一系列实验，清楚地理解了弦振动频率依赖于弦的长度、紧绷度和密度，并证实了声音实际上是一种机械振动。

耳听八方

俗语云“耳听八方”，指的是声音发生衍射和反射的结果。假若声音只是单方向传播，只有站在你对面的人才能听见你讲话，其他方向的人均听不到，那就麻烦了。

由于声音的衍射和附近物体对声音的反射，你总能辨别出熟人的声音；当熟悉的人用低语声同你讲话，只有当他脸朝着你时，才有可能辨认出他的低语声。这是因为波长越长（频率越低），衍射图样的角度越大，由于低语声大部分是由高频音组成的，衍射角小，因此低语声衍射较小，从背后听就困难了。

次声的危害

1948年2月的一天，一艘荷兰货船正航行在马六甲海峡的海面上。傍晚前后，突然有一股强风暴袭来，吹得货船不住地在海面上颠簸摇荡。风暴过后，所有船员气息全无，无一生还。

他们的死因被归结为次声波伤害，这是一种低频率的声音，且穿透力很强。当人体肌肉、内脏器官固有的振动频率与次声波的频率相同时，就会发生共振，产生较大的振幅和能量，从而造成人体结构的巨大破坏，导致死亡。

下雪后的寂静

一个人长期生活在噪声强度为85~90分贝的环境里，就会得“噪声病”；噪声太强，比如强到120分贝以上，可能使人的耳朵“暂聋”；强到140分贝，甚至可以使人永久失去听觉。

大雪纷飞的情景是很壮观的，雪后的景色也是很迷人的，但是雪后的环境特别宁静却往往不为人所注意。新鲜的雪是很蓬松的，表层有很多小孔隙，它很容易吸收声音。当积雪的日子久了，雪被压得很密实，里面空隙减少了，吸声的能力就大大减弱了，往往又恢复了往常的喧闹。根据这个道理，人们制成各种多孔的消音材料，张贴于居室、会议室和各种公共场所中，这样能有效地吸收噪声。

在南极探险队新挖好的雪洞中，这种吸收声音的现象特别明显。如果说话的距离超过5米，必须大声讲话方能使对方听见。

工业革命应用：声音也有能量

19世纪初，随着工业时代和科技革命的到来，人们可以记录声音，并可以借助其他物质传播声音，一系列电声器件率先进入人们的生活。此后声学渗透到建筑、噪声控制、海洋、医学、地震、语音交互等各个领域，发展成与现实生活密不可分的一门重要学科。

换能原理

爱迪生利用声音装置中的膜片，根据换能原理，把声波变为机械振动记录下来的方式发明了留声机。留声机的发明极大地丰富了人们的生活，但没有解决复制的技术难题。直到20世纪以后，声音的录制方法逐渐被电声的方法所替代，母盘复制技术也逐渐成熟。

可寻找目标的鱼雷

人们在生产实践中，根据声波能在水中传播的原理，在第二次世界大战末期，研制成功一种能自动发现并跟踪敌舰的鱼雷，叫作“自导鱼雷”。它不是用无线电遥控来操作，而是由它自己的“大脑”来操纵航向和跟踪敌舰艇。

鱼雷的“大脑”，就是雷体前段的音响自导系统。这一点很好理解，比如当你捉蟋蟀时，只要仔细辨别蟋蟀发声的方向，就可以找到它的位置，把它捉到手。自导鱼雷同人们捉蟋蟀的办法相仿，它是利用敌舰航行时所产生的声场，去发现和跟踪敌舰艇的。

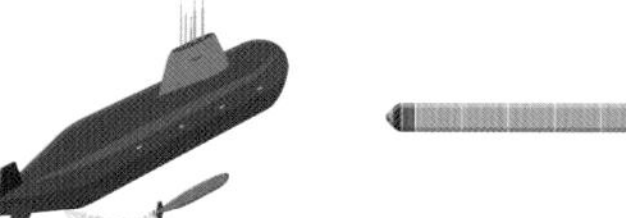

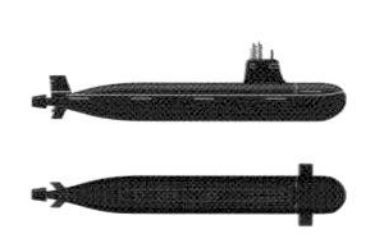

神奇的莺莺塔

山西永济普救寺内的莺莺塔因特殊的地貌地形、建筑材料、建筑结构，会产生9种奇妙的声学效应，在塔内和周围不同位置可以听到塔内传出的蛙声、锣鼓声、狐狸叫声等声音。

人们在离塔10米或20米处击石、拍手，可以听到由砖塔传来的蛙鸣声。当2.5千米外的蒲州镇戏台演戏时，人们在塔底台阶上能听到塔里有锣鼓声；人们在塔旁小声说话，在距塔40米处能清晰地听见；人在塔的九层上讲话，下面听声音像是从一层传来，在五层说话则好像一层和九层都有人说话。

唤鱼器

鱼类的声音并不是从喉咙里发出的，它们没有声带，鱼类发声主要靠鱼鳔的振动或者牙齿、鳍条、骨头的摩擦。鱼声往往是鱼类求偶或集群的信号。渔民们发现，领头鱼发出一声呼唤，众鱼就会靠拢过来。

渔民们也正是利用声音来诱捕鱼的，他们在渔船上敲鼓，大黄鱼听到鼓声就会靠拢过来。现在科学家们正在研究各种有效的“唤鱼器”，一按电钮，某种鱼群就会招之即来。

小链接

超声波是频率在20kHz以上的声波，它不能被人类听到。它是一种机械振动在媒质中的传播过程，具有绑定、定向、反射、透射等特性。它在媒质中主要产生两种形式的振动，即横波和纵波，前者只能在固体中产生，而后者可在固、液、气体中产生。

学科交叉：声音的高精坚技术

学科交叉可以实现不同学科领域之间的交流和合作，促进了知识的整合和创新。“灵光一现”的火花，在跨学科的思维碰撞中亦不断闪现，可以解决单一学科无法解决的复杂问题。

反相消除噪声

飞机在高空飞行过程中，空气流过机舱表面产生的湍流噪声，将透过机舱传入飞机舱内，导致舱内噪声过高，影响乘客的乘坐体验、语言交流，容易引起乘客的焦虑与疲倦。降低舱内噪声，可以提高乘坐的舒适性。

随着声学技术的发展，可以通过发出与噪声等幅反相的声波来实现对噪声的消除，目前在耳机、飞机机舱、车内降噪等场景都广受青睐。

高能探路仪

某些动物听超声的能力比人强得多。比如巴甫洛夫实验室的工作人员发现狗可以听到20000赫兹以上的声波，这已经属于超声振动的范畴了；而蝙蝠竟然能听到十几万赫兹的声波，它的听觉非常敏锐，在夜间，它就依赖听觉接收反射回来的超声波信号灵巧地捕捉食物。有人曾做过这样的实验，在漆黑的房间里挂满系有铃铛的绳索，然后把蝙蝠放入，它巧妙地上下翻飞，穿梭于绳索之间，竟然不会碰响任何一只铃铛。

根据蝙蝠超声波定位的原理，科学家们通过内装一个超声波收发器制成了盲人使用的“探路仪”，能有效帮助盲人规避周围的障碍物。

超声波除尘

煤尘对人体健康危害性极大，极易引起多种呼吸系统疾病，以尘肺病最为常见。煤尘微粒表面的电荷，在布朗运动和声波的振动以及磁力作用下，可使尘粒相互撞击而引起凝聚，超声波除尘的工作原理就是利用了这一特性。它能够通过每秒数万次的超高速振动，将吸附在感光器上的灰尘碎屑震落，起到除尘的作用，为我们的健康保驾护航。

隐身术

宾夕法尼亚州立大学的科学家设计了一种超材料，可以让周围的声波发生弯曲，这样一来，用超声波就探索不到它，好像隐身了一样。

近年来，通过操控声波的传播来制造声学幻象实现水下声学隐身，吸引了广大学者的研究兴趣，已成为热点研究方向。

悬浮在液体或气体中的微粒，由于受到来自各个方向的液体分子的撞击作用，致使微粒做永不停息的无规则运动，即布朗运动。

致敬科学家：玄学代表薛定谔

被称为“量子力学的牛顿”的薛定谔，在物理界几乎无人不知，无人不晓。作为一位精通四国语言的天才物理学家，他从小就展现出与众不同的天赋和能力，不仅年轻有为，研究范围之大也令人咋舌。

两个天才的友谊

1926年，薛定谔在短短不到5个月的时间里，接连发表了6篇关于量子理论的论文。薛定谔的好朋友——爱因斯坦，给薛定谔写信并大加赞赏：“我相信您以那些量子条件的公式取得了决定性的进展……您的文章的思想表现出了真正的独创性。”

但是，因物理学理论之争，两人多年的友情就此了断。

纸币上的大人物

钞票是每个国家的一个“门面”，也是介绍一个国家历史和文化的一个很好的名片，所以很多的国家把开国元勋、总统、国王或者是对这个国家有重大贡献的人会印在钞票上。1983年，奥地利发行了1000先令，该版纸币上的人物为伟大的物理学量子力学科学家埃尔温·薛定谔。直至1997年，薛定谔纸币不再流通，换成了奥地利著名的医学家、生理学家卡尔·兰德斯坦纳。

薛定谔方程

1925年，海森堡开创了矩阵力学，可谓一鸣惊人。但是，这个算法过于复杂，复杂到几乎每一位科学家都从内心排斥它。尤其是那个奇怪的矩阵乘法规则：p*q ≠ q*p，这简直违背了常识，诡异到了极点，令人百思不得其解。

薛定谔也是其中一位，为了计算方便，他索性自己开创了一种算法，根据牛顿力学，先搞出了一个非相对论的方程，即名震整个20世纪物理史的薛定谔波动方程。这个方程一经公布，所有的物理学家都很兴奋，以后再也不用学奇怪的矩阵数学了。

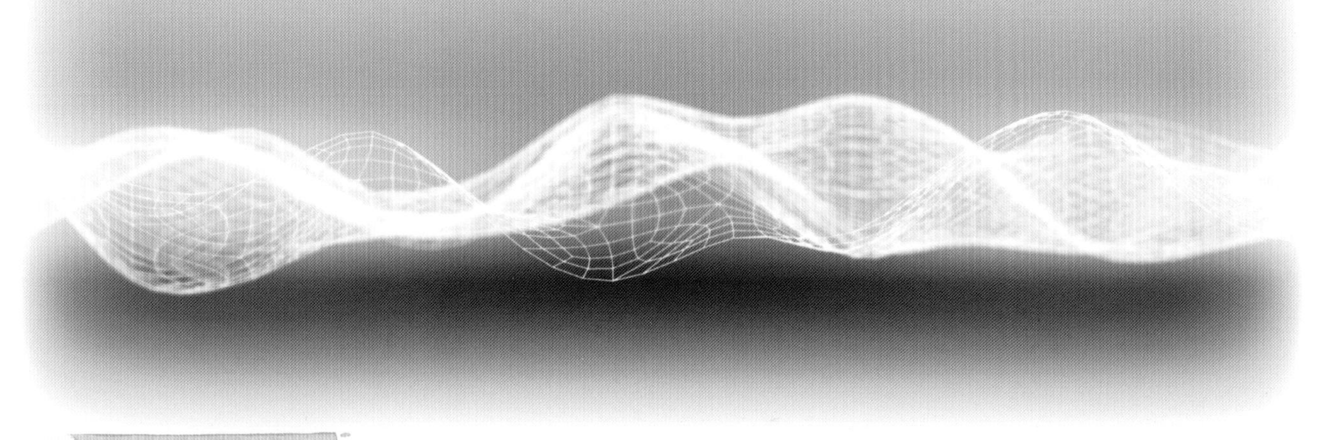

薛定谔的猫

为了研究量子力学理论，薛定谔将一只猫关在装有少量放射性元素镭和氰化物的密闭盒子里。镭的衰变存在概率，如果镭发生衰变，会触发机关打碎装有氰化物的瓶子，猫就会死；如果镭不发生衰变，猫就存活。理论上，猫应该处于死猫和活猫的叠加状态。这个实验直白地讲述了量子叠加原理的问题。但是，实际上猫处于怎样的状态，只有打开盒子才能清楚。

小链接

诺贝尔奖是根据瑞典化学家阿尔弗雷德·诺贝尔的遗嘱所设立的奖项。诺贝尔是炸药的发明者，他一生积累了很多财富。根据他的遗嘱，用其遗产中的3100万瑞典克朗成立了基金会，每年将基金会产生的利息奖给为人类做出杰出贡献的人。

物理加油站

城市里的噪声污染

噪声，就是杂乱无章、听了叫人不舒服的声音，比如城市里机器的轰鸣声、飞机的尖叫声、汽车的喇叭声，等等。

噪声也是一种污染，有人把噪声比作杀人不见血的软刀子，这话绝不过分。由于工业生产的过于集中，造成交通拥挤，声音源增多，噪声已经成了一种比较严重的公害。有的国家把噪声列为环境公害之首，为消除噪声，人们想了许多办法。

一种立竿见影的方法是控制噪声源。比如，在城市闹区，禁止各种车辆鸣响高音喇叭，利用减振消声的办法使各种噪声源发出的噪声减至最小。但无论对噪声源怎样控制，生产活动总要产生大量的噪声，于是就要采用隔声方法。现在各种高效能的隔声材料、设备正在研制中。有一种隔声夹层玻璃已被使用。通过这种玻璃，噪声可降低 27 分贝。安装上这样的玻璃，基本上可以避免室外噪声的干扰。在法国巴黎近郊有一条很热闹的街道，汽车川流不息，昼夜不停，人们在街上相互交谈都很困难。后来，人们在车行道和人行道之间修建了 350 米长、4 米高的玻璃墙，收到了较好的隔声效果。

现在科学家们正研究一种更有效的消声法，试图用“以毒攻毒”的方法，用声音消除噪声。假如有一种声音，它与要消除的噪声在强度上、频率上完全一样，但在振动方向上是相反的，那么，在这两种声音同时作用之下的空气，所受到的拉力和压力相等，空气分子将不会发生振动，从而达到消除噪声的目的。从理论上说，这种方法简单，但实现起来却比较困难。

WU LI JIAN SHI

第六章

可视不可触的电磁学

古代对电和磁现象的认识：心怀畏惧

在日常生活中，人们多是依照常识来解决问题，这些常识则是人们的经验日积月累而成的。古代人们观察生活中的现象，只能认识事物的表象，还不能充分地探讨事物的本质，而科学研究就是在不断地探寻事物的真相。

雷电的观察

在我国，远在4000多年前的殷代甲骨文字中就已有了“雷”字，在西周的青铜器上也出现了“电”字。人们将雷电描述为：其光为电，其声为雷。

人们对待雷电有两种截然不同的态度：一种是把雷电当作上天的发怒，对人们的示警，因此就抱着诚惶诚恐的心理；另一种是把雷电作为一种自然现象加以观察，用科学的态度加以记载。

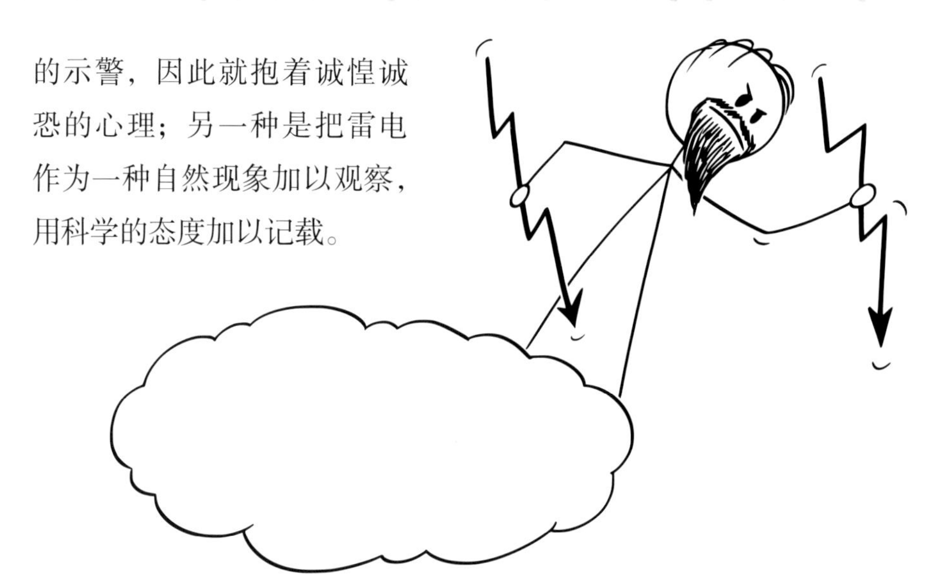

中国磁石指南针

磁罗盘是中国的一项古老发明，很可能是公元前221年至公元前206年秦朝时首次在中国制造出来的。指南针使用磁石（一种磁性氧化物）来指示真北。在当时磁力这种基本概念可能尚未被理解，但指南针指向真北的能力是清楚的。

云端的暴怒

据相关统计，全国平均每年，每100万人中大约有0.53人死于雷电灾害，虽然概率不高，但是突发性和致命性，足以让人们对其心存敬畏。

闪电拥有地球上最大的电力，能使周围的空气迅速升温至16000℃左右，相当于太阳表面温度的3~5倍，被击中的树木会瞬间燃烧。

摩擦起电

关于电磁学的最早著作是在公元前600年，当时古希腊哲学家、数学家和科学家泰勒斯描述了他在琥珀等各种物质上摩擦动物皮毛的实验。泰勒斯发现，用毛皮摩擦过的琥珀会吸引一些灰尘和毛发，从而产生静电，如果摩擦琥珀的时间足够长，甚至会产生电火花。

小链接

琥珀是一种透明的生物化石，由松柏类植物的树脂流入地下后，掩埋在地下千万年，在压力和热力的作用下石化形成。琥珀一般呈黄色透明状，古希腊人习惯把琥珀当作珍贵的宝石佩戴在身上，因此琥珀也是身份的象征。

静电学的发展：研究带电现象

随着科学思想的传播，人们逐渐认识到电的吸引现象，人类对电磁现象的认识是从研究静电现象开始的。通过观察与研究，科学家们发现了更多带电的现象。

避雷装置

法国旅行家卡勃里欧别·戴马甘兰游历中国之后，于1688年写了一部叫作《中国新事》的书，上面记载说："当时中国屋宇的屋脊两头，都有一个仰起的龙头，龙口吐出曲折的金属舌头，伸上天空，舌根连接着一根很细的铁丝，直通地下。这种奇妙的装置，在发生雷电的时刻就大显神通，若雷电击中了屋宇，电流就会从龙舌沿线下行至地底，起不了丝毫破坏作用。"看来，这龙头既是种装饰，也是一种避雷装置。

发光的水银

1675年的一天，法国天文学家让·皮卡尔同往常一样，仍在巴黎天文台进行观测、研究。但当他挪动一台水银气压计要把它从天文台运走时，奇怪的事情发生了，在水银上方玻璃管的真空里，突然出现了微弱的闪光。为了证实自己没有看错，他又将水银气压计摇了摇，水银又发出了微光。导致这种光的是一种叫作水银磷的物质。后来，人们将这种闪光现象称为"托里拆利发光"。

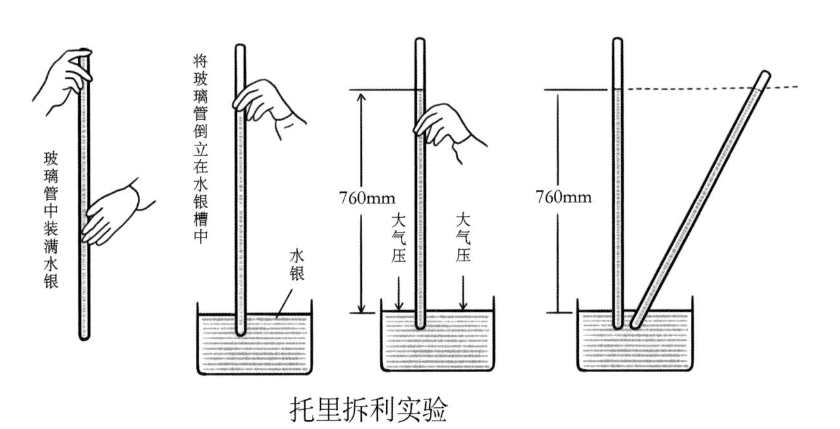

托里拆利实验

有毒的汞

水银的学名就是汞，汞很早就已经是炼金术士们最主要的玩物了，在知识传播缓慢的古代，一种流动的金属总给人神秘和玄幻的感觉。

中国古代许多能人异士追求“长生不老”，当时人们把升华的现象叫作“见火易飞，去质轻化”，方士们幻想吃了能升华的物质也能沾上些“灵气”，遨游宇宙。然后就从冶炼盐和朱砂的过程中发现了“粉霜、水银霜、霜雪”——升汞。用炼丹术炼制出来的“长生不老丹”，非但没有延年益寿的效果，反而会因为汞中毒加速死亡。

跳跃的纸片

牛顿曾做过一个简单的实验，震惊了皇家学会。在这个实验中，先用力摩擦一块圆形的、上面覆有黄铜的玻璃，不一会儿玻璃下的碎纸屑就会开始跳跃，“灵活地来回移动”。即使在摩擦停止之后，纸屑还会继续“跳跃”，朝各个方向奔腾跳蹿，有的还会在玻璃的底面短暂停留。

牛顿认为玻璃中的某种“微妙的物质”被稀释并从玻璃中释放出来，形成了一股以太风。慢慢地，这种物质就会凝固并返回到玻璃中去，由此产生了电引力，将纸屑吸附到玻璃的底面。

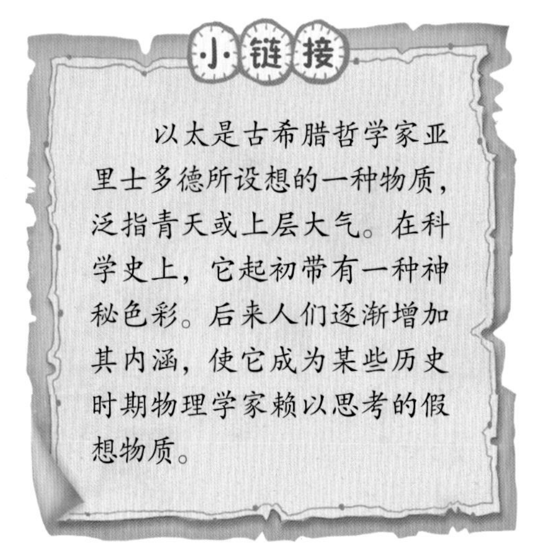

小链接

以太是古希腊哲学家亚里士多德所设想的一种物质，泛指青天或上层大气。在科学史上，它起初带有一种神秘色彩。后来人们逐渐增加其内涵，使它成为某些历史时期物理学家赖以思考的假想物质。

对电流和电路的探讨：电流研究

今天电流的应用是广泛的，生活中处处都需要交流电，处处需要运用电流来维持生产和生活。但在早期的电学研究中，科学家只研究静电，还不知道电流。科学家们开始研究电流现象要从一次次偶然的事件说起，当人们可以获得持续的电流时，电学就从静电走向动电了，于是开始有了电路学。

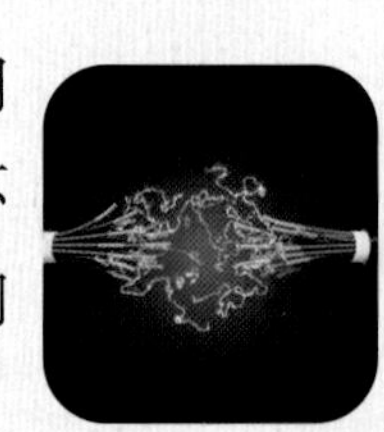

莱顿瓶

在玻璃容器的内外包覆了导电金属箔，瓶口上端接一个球形电极，下端利用导体（通常是金属锁链）与内侧金属箔或水连接，这就构成以玻璃容器为电介质的电容器。通过摩擦产生电荷的带电体跟瓶口的金属球接触时，带电体上的电荷就会沿着金属杆和链条传到瓶的内壁，而外部的电荷就能在里面保存相当长的时间。

1746 年，英国学者斯宾士将莱顿瓶带到美国波士顿进行讲学，引起了富兰克林的极大兴趣。斯宾士知道富兰克林喜欢电，临别时，他将莱顿瓶等一部分仪器送给了富兰克林。

伏特电池

1799 年，伏特在仔细研究了摩擦起电和两种不同金属接触会使青蛙腿抽搐的现象之后，认为青蛙腿的抽搐是对电流刺激的灵敏反应，而肌肉提供了一定的溶液。因此，电流产生的先决条件是两种不同的金属插在一定的溶液中并构成回路。于是，他在 1800 年用锌板和铜板插入一瓶稀硫酸液中做成了人类的第一个电池。这种电池，后来被人们称为伏特电池。

富兰克林的风筝实验

美国开国元勋本杰明·富兰克林以他进行的极其危险的实验而闻名，富兰克林让他的儿子在雷电交加的天空中放风筝。一根连接在风筝线上的钥匙点燃了莱顿瓶并为其充电，从而建立了闪电和电力之间的联系。在这些实验之后，他发明了避雷针。

富兰克林发现有两种电荷——正电荷和负电荷，具有相同电荷的物体相互排斥，具有不同电荷的物体相互吸引。富兰克林还记录了电荷守恒，即孤立系统具有恒定总电荷的理论。

用静电翻阅古书

在博物馆或图书馆里有些珍贵的古书已经陈旧不堪，以至于在翻的时候无论怎样小心，书页都会被破坏。但是，为了满足阅读和研究的需要又得常常翻阅它们。为了解决这一难题，可借助于静电，就是给书卷充电。书里相邻各页得到同种电荷之后，由于相互排斥，因而可以毫不损伤地一页页分开来，也可以用结实的纸去裱它。

电鳗是放电能力最强的淡水鱼，输出的电压达300~800伏，因此电鳗有“水中高压线”之称。它的发电器分布在身体两侧的肌肉内，身体的尾端为正极，头部为负极，电流是从尾部流向头部。

静磁学的发展：磁崭露头角

磁学具有非常悠久的发展历史，一直伴随着人类文明进步的历程。由于电学方面研究产生的各种新技术、新发明层出不穷，并被应用于各种工业生产领域，也带动了磁学的发展，各国科学家围绕电磁进行研究的盛况空前。

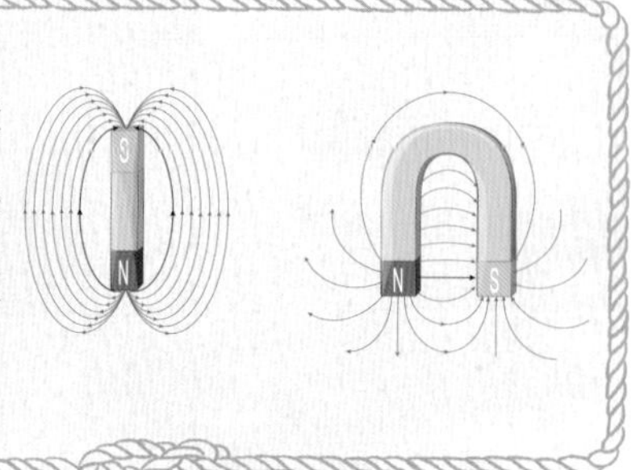

磁场助阵

相传，晋代名将马隆的军队曾与羌人作战，羌人身被铁甲，勇悍异常，马隆军队伤亡很大。于是，马隆心生一计：在这条狭窄的小道两旁堆放了大量磁力很强的磁石，命自己的士兵只穿皮革制的护身衣。一日激战，马隆军佯退，把羌人引上这条小道。乍一上道，羌人顿感行动艰难，却见马隆军进退自如，行动敏捷，不明何故，以为神助，大为惊恐，争先逃命，马隆军大获全胜。

电磁学的开端

1731 年，一名英国商人发现，雷电过后，他的一箱刀叉竟然有了磁性。1751 年，富兰克林发现莱顿瓶放电可使缝衣针磁化。

丹麦物理学家汉斯·奥斯特为了进一步弄清楚电流对磁针的作用，用 3 个月的时间，做了 60 多个实验，把玻璃、金属、木头、石头、瓦片、松脂、水等放在磁针与导线之间，观察电流对磁针的影响。他发现，任何通有电流的导线，都可以在其周围产生磁场。

导体与绝缘体的区别

大量自由电子的存在是金属成为导体的原因，液体能导电就是其中有大量正离子和负离子的缘故；气体一般是不导电的，因为原子组成的气体分子都是中性的，但在一定条件下，中性分子也会由于失去或得到电子而成为带电的离子，这时气体也就变成导体了。

与导体相反，在橡胶、陶瓷、干木材、一般塑料、玻璃等的原子中，电子都被各自的原子核吸引得紧紧的，只能在核周围运动，不能在整个物体中自由移动，这些物质便成了绝缘体。

能识途的鸽子

有些飞禽、昆虫等小动物，对磁场有非常灵敏的探测能力，鸽子便是其中之一。

鸽子体内的电阻为1000Ω左右，当它在地球磁场中展翅飞行时，会切割磁力线，因而在两翅之间产生感生电动势。鸽子向不同方向飞行时，切割磁力线的角度不同，所以产生的感生电动势也不同。这样，鸽子体内灵敏的感受器官即可根据感生电动势的大小来判别其飞行方向。

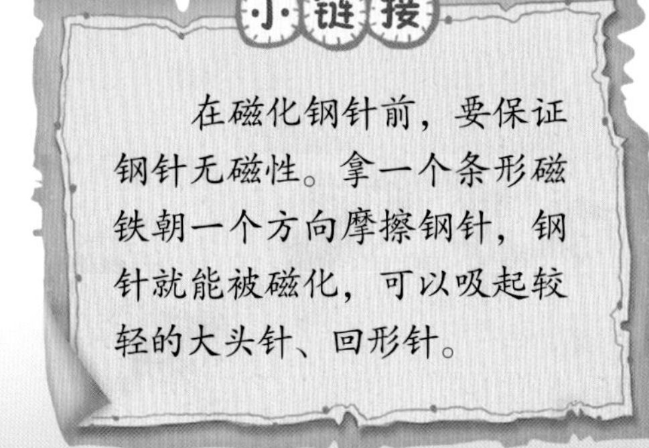

小链接

在磁化钢针前，要保证钢针无磁性。拿一个条形磁铁朝一个方向摩擦钢针，钢针就能被磁化，可以吸起较轻的大头针、回形针。

电磁研究的突飞猛进：电磁结合

“电能生磁”的磁效应理论，在物理学界引发了一场革命。而有着“电学之父”之称的电磁学大咖法拉第，靠着非同一般的勤奋，克服种种困难，用10年时间发现了“磁能生电”现象并总结出相应规律，把电磁学推向实践运用阶段。

磁能生电

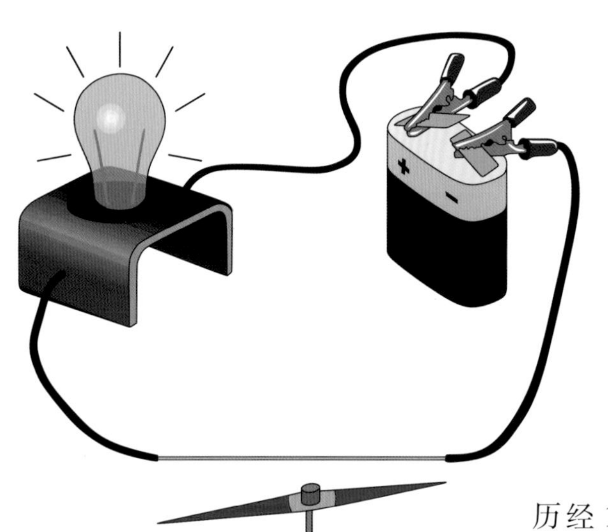

法拉第与奥斯特一样，受到谢林哲学的影响，深信电、磁、光、热等相互联系。奥斯特证明了电能生磁，摆在眼前的拦路大山就是如何用实验证明磁能生电。

历经10年时断时续的失败，实验，再失败，再实验，1831年8月29日，法拉第终于取得突破性进展。他在一个圆形的铁棒上绕了两个线圈，一个线圈接电源，一个线圈的下方平行放了一个小磁针。接通电源的瞬间，他发现小磁针摆动了一下。此后他又设计了几十个不同场景或不同材料的实验，结果证明，只要穿过闭合回路的磁力发生变化，（如实验中的插入或拔出磁棒）回路中就会产生感应电流。这就是著名的电磁感应定律。

发电机问世

1861年，德国人西门子发明了直流电动机，完成了实用电机雏形；1881年，美国人爱迪生改进了西门子发电机；1891年，俄国科学家德布罗里斯基指导学生完成了175千米的三相交流远程输电工程。这一年，距法拉第发现电磁感应现象已经过去了整整60年。

保险丝的作用

在电场作用下，电线中的自由电子就开始定向运动，而自由电子与电线中的离子发生激烈碰撞，电线的温度也随之升高，这就是电流生热的过程。老化的电线容易发生火灾就是这个原因。

为了避免家用电器发生事故，要在电路中的入户位置正确安置保险丝，保险丝会在电流异常升高到一定的高度和热度的时候，自身熔断切断电流，保护电路安全运行。

错误的省电方法

有些人为了“省电”，往往把新、旧电池搭配起来使用，其实这样做不但不省电，反而浪费电能。旧电池的内阻大，在有电流通过时，内电路上的电压降增大，导致新电池中相当多的电能白白地消耗在旧电池的内阻上，这是很不合算的。

小链接

中国科研人员颠覆了百年发电传统，大型超临界二氧化碳循环发电试验机组已经研制完成，该系统的原理是以超临界状态的二氧化碳作为工质，将热源的热量转化为机械能，然后用于发电。

经典电磁学的理论建立：电磁应用

在电和磁之间的联系被发现以后，人们认识到电磁力的性质在一些方面同万有引力相似，提出了电磁场的概念，并发现电磁场也具有能量和动量，成为当时最重要的能源，研究领域涉及电磁能的产生、存储、变换、传输和应用。

电灯照亮了世界

世界上最善于利用电力的人，当数举世闻名的美国大发明家爱迪生。他改进了弧光灯，将弧光灯变为白光灯。这个实验的难点在于找到一种能燃烧到白热的物质做灯丝，还要经受住2000℃、1000小时以上的燃烧。他昼夜不息地试验，经过数千次失败，终于在1879年10月21日，爱迪生的研究有了突破性的大发现，一直持续发亮达14小时的灯泡试验成功。

爱迪生改良了电灯，照亮了黑暗的世界，人们抛弃了照明度比较差的蜡烛、油灯、火把、石蜡灯、瓦斯灯等照明工具。

变压器

变压器就是根据电磁感应定律，在交流电路中，可以将电压升高或降低的设备。变压器的出现，实现了电力的输送，可以将发电厂建在远离城市中心的偏僻地方，同时用高电压输送电流，减少电在输电线路上的损耗。电被输送到城市里后，再用变压器将其降低为额定电压，供给工厂和家庭使用。

超高压线的危害

为了进一步提高输电效率，现在建立了“高压”输电线。从输电的效率来看这样做是有利的，却给输电线附近的居民带来了烦恼。输电线常常发出伊犁蓝色的辉光，并且能使没有接通开关的荧光灯莫名其妙地发光。而且，交流高压电会在附近的金属物体中感应出交流电，当人体接触到这些金属物体的一部分并使之通地时，就可能发生放电火花。

安全用电

随着经济的发展，人民生活水平的提高，家用电器普及千家万户，稍有不慎触电事故便会发生，轻则伤，重则亡。

电流通过人体时，电流的强度决定危险性：小于0.01安培有麻刺感或无感觉；0.02安培会有疼痛感以及被带电元件粘住脱不开身；0.03安培使呼吸紊乱；0.07安培使呼吸极度困难；0.1安培因心肌纤维震颤而死亡；大于0.2安培无心肌纤维震颤，但会有严重烧伤及呼吸困难。

小链接

地球可看作一个大磁铁，磁感线的方向是由北极出来而进入南极，地磁北极就在地理南极附近，地磁南极就在地理北极附近。实际上，指南针的指向并不是指向正南正北的，它的指向和地理南北方向稍有偏离。

从电磁理论到狭义相对论：现代电磁技术

19 世纪的物理学在热力学、光学、电磁理论和统计力学等方面取得了重大进展。以至到 19 世纪末，不少学者以为物理学研究已经基本完成。直到爱因斯坦提出了狭义相对论，给物理学指明了新的方向。狭义相对论中的一些理论至今还没有被实验证明，物理学也面临着科学发展带来的新挑战，科学是无止境的。

卫星传输信号

在古代的神话传说中，常有千里眼、顺风耳的故事。这些古人的幻想，如今已成了现实。

随着科学技术的发展，现在世界各国已广泛采用通信卫星来转播电视广播，把通信卫星发射到赤道上空。这种卫星距地面 36000 千米，从卫星上发向地球的电磁波可盖住地球 1/3 的面积。电视台把要播放的电视信号送到地面站，再由地面站发送到卫星上，经过卫星的转发，其他地方的地面站就能够接收到了。

地球发电机

我们的地球是一个庞大的天然磁体，它的磁场却比较弱，总磁场强度不过 0.6 奥斯特。地球磁场的强度由奥斯特换算为伽马，则是 6×10^{4} 伽马。然而，地球却在不停地转动，它每 23 小时 56 分便自转 1 周，所具有的动能是一个很大的数值，为 2.58×10^{29} 焦耳。

地球本身又是一个巨大的蓄电池，它经常被雷雨中炫目的闪光充电。据估算，每秒钟约有 100 次闪电，电压可达 1 亿伏，电流可达 16 万安培，可以产生 37.5 亿千瓦的电能，比目前美国所有电厂的最大容量之和还多。

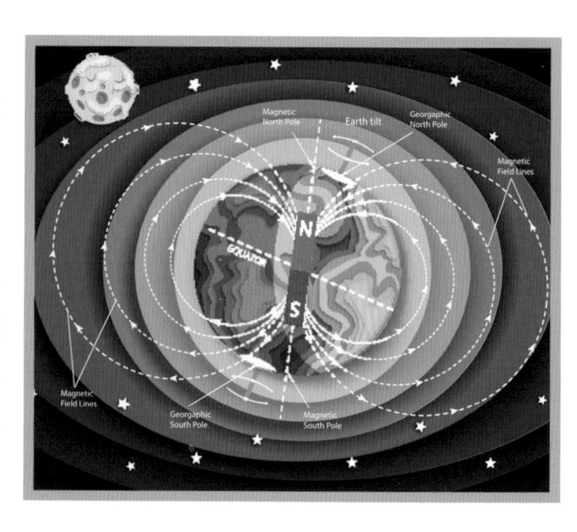

电磁炮

磁场既然能推动一段导线运动，它也可以推动一颗炮弹或弹丸运动。现在世界上许多国家，都在研究制造一种利用电磁力来推动炮弹的新式武器——电磁炮。

和普通炮中火药爆炸产生的气体推动弹丸加速飞出炮膛类似，电磁炮是利用导轨的电流在导轨间产生的磁场力推动气体向前运动，推动导轨间的弹丸以高速发射出去。常规大炮用火药爆炸推动炮弹，炮弹的出口速度不大于每秒2千米；导弹的发射速度一般不大于每秒7.5千米；电磁炮的发射速度可以达到每秒100千米以上。

雷达

雷达是利用无线电原理制成的一种探测装置，是由于防空的需要而发明的。现在雷达已在军事上得到广泛的应用，有远程警戒雷达、引导雷达、截击雷达、炮火瞄准雷达等。许多国家在国境线上布置了雷达网、雷达阵，用来侦察5000千米以外的目标和跟踪洲际导弹。

除了军事用途，雷达还可以给飞机和海洋轮船导航，探测汽车的速度并对超速车提出警告，探测雷雨和台风的位置作出天气预报等。宇宙飞行器也要靠雷达测定其位置并及时遥控其飞行轨道，天文学上也用雷达来测量星球的距离，雷达已成为人类征服宇宙的一种重要工具了。

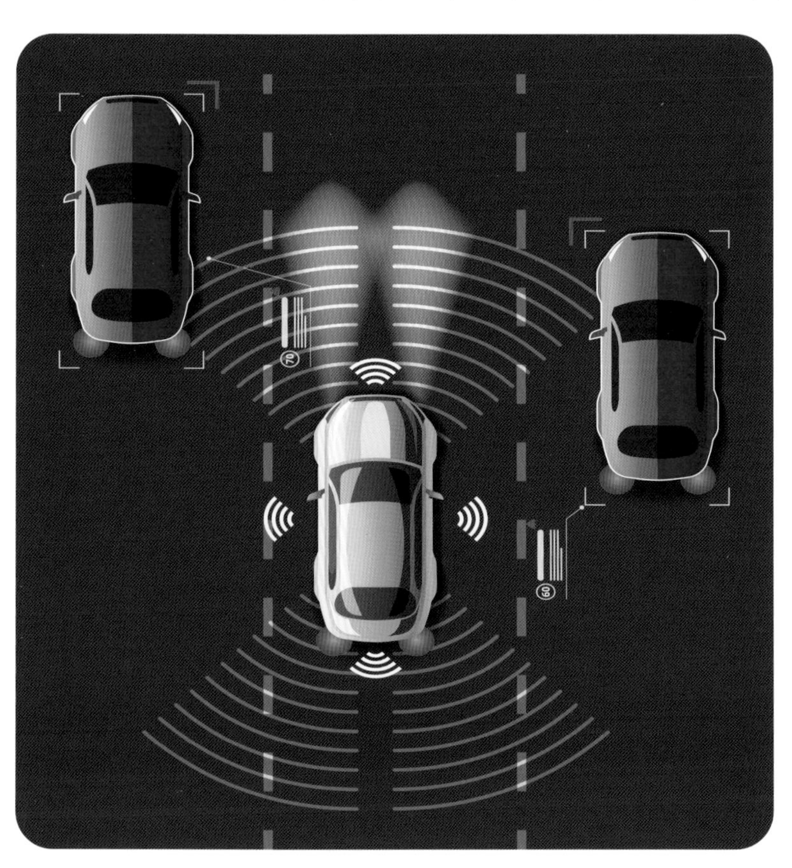

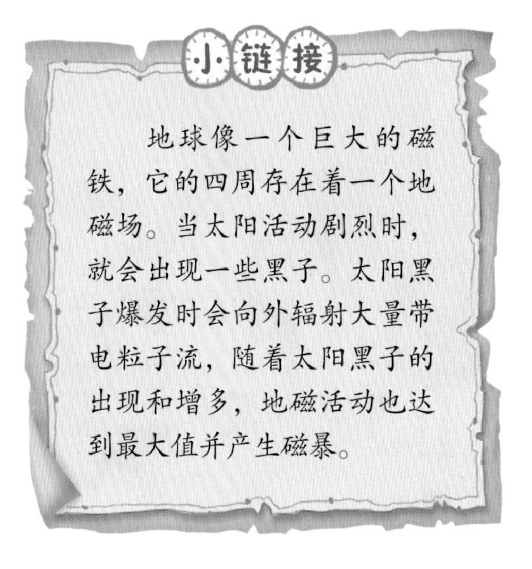

小链接

地球像一个巨大的磁铁，它的四周存在着一个地磁场。当太阳活动剧烈时，就会出现一些黑子。太阳黑子爆发时会向外辐射大量带电粒子流，随着太阳黑子的出现和增多，地磁活动也达到最大值并产生磁暴。

致敬科学家：我国物理学家

中国在物理学领域的研究相对滞后，国外物理学领域的知识和技术成果对中国物理学界的发展产生了一定影响。随着国家发展需求的不断增长，中国的物理学研究渐入佳境，逐渐出现一批优秀的物理学家，中国的发展离不开这些科学家的无私奉献。

钱学森

钱学森，世界著名科学家，空气动力学家，中国载人航天奠基人，中国科学院及中国工程院院士，中国两弹一星功勋奖章获得者，被誉为“中国航天之父”“中国导弹之父”“中国自动化控制之父”“火箭之王”。这个物理学家的名声是不是够响亮了？他是出现在我国的历史课本上的人物，不单单是在国防事业上做出了突出贡献，更是在航空航天事业上，让世界看到了我们的科技实力。

钱三强

钱三强是核物理学家，中国科学院院士。他的父亲钱玄同是中国近代著名的语言文字学家。他是第二代居里夫妇的学生，又与妻子何泽慧一同被西方称为“中国的居里夫妇”。他是中国发展核武器的组织协调者和总设计师，中国“两弹一星”元勋。

邓稼先

邓稼先是我国著名的核物理学家。他和诺贝尔奖获得者杨振宁从小一起长大。邓稼先比杨振宁小 2 岁。1958 年邓稼先回到了祖国，钱三强找到邓稼先邀请他一起进行核武器的研究，他们告别家人，专心致志地进行核试验。他们付出的一切果然是有价值的，1964 年中国第一颗原子弹爆炸成功，1967 年中国第一颗氢弹爆炸成功。

杨振宁

杨振宁，按照美国物理学界的权威评价，他是继爱因斯坦和费米之后，第三位物理学全才。在 1957 年，中国的科研水平和条件还比较落后，可邓稼先却站出来说“中国人也可以造原子弹”，而与此同时，杨振宁也站出来说，“中国人也可以获得诺贝尔奖”！这给中国人带来的精神冲击是突破性的，给了中国年轻一代科研人很大的信心。

小链接

还有许多从事物理学研究的人才，他们通过对物理学理论和实验的探索，取得了一系列重大成果，为我国物理学的发展做出了巨大贡献，例如：王淦昌、严济慈、吴有训、饶毓泰、叶企孙、吴大猷、黄昆等。

物理加油站

引狼入室的避雷针

1989年，青岛市发生了一起重大火灾，海港黄岛油库几万立方米的5号油罐爆炸起火，并又引爆了旁边的4号油罐，接着1号、2号、3号油罐相继起火爆裂，600吨原油泄漏入海。大火烧掉了36万吨原油，火势持续了104小时，14名消防队员、5名油库职工在灭火中遇难。

据消防专家调查，5号罐虽然装了避雷针，但是，罐内钢筋和金属构件连接不好，造成避雷针接地不完善。

我们知道，避雷针实际上是“引雷针”，它把闪电引到自己身上，通过引下线和接地装置引入地下。但是，闪电的电流很大，会产生一系列物理效应。因此，制造和安装避雷针时只要出现小的失误，就有可能造成大的灾祸。而黄岛油库里的油罐顶部铺设了防雷网，网的结点与接地的角铁之间未焊牢，而只是用螺丝压紧。当油罐上空的落地雷被避雷针引下来时，由强大的闪电电流在极短时间内迅速变化引起非常强烈的电磁感应，使因混凝土剥落而外露的钢筋产生电火花，从而点燃了罐内油蒸汽与空气混合的易爆气体，最后，炸毁油罐并燃起了大火。

由此可见，避雷针的接地是十分重要的。接地接得好，就将引下来的闪电送入地下；接地接得不好，就将引下的闪电送到保护物内部，很容易引起电火花并造成大事故。

WU LI JIAN SHI

第七章

暗藏玄机的流体力学

与大自然的抗争：大禹治水

液体和气体统称为流体，大气和水是最常见的两种流体，大气包围着整个地球，地球表面的71%是水面。流体力学是在人类同自然界做斗争和生产实践中逐步发展起来的，流体的研究帮助人们更好地认识大自然、利用大自然。

鲧禹治水

鲧禹治水是中国古代的神话故事，著名的上古大洪水传说。三皇五帝时期，黄河泛滥，鲧、禹父子二人负责治水。鲧治水9年，由于他固执己见，坚持“水来土挡”的老办法，结果劳民伤财，洪水越堵越大。

面对滔滔洪水，大禹从鲧治水的失败中汲取教训，改变了“堵”的办法，对洪水进行疏导，在大禹的带领下，人们与洪水的斗争最终获得了胜利。

故宫千龙吐水

故宫建造之初，就依照地势设计了排水系统。紫禁城北门神武门地平标高46.05米，南门午门地平标高44.28米，南北地平高差约2米，这一坡降为自然排水创造了有利条件。

故宫前三殿——太和殿、中和殿和保和殿的台基底部，每根柱子下都伸出一个雕刻精美的石龙头，一共有1000多个龙头。它们被称作“螭首”或“角兽”，这些龙头不是实心的，而是中空的。每逢下雨，故宫里的雨水就是从这些中空的圆孔中流出的，看上去就像是千龙在吐水。

罗马水道

现在城市中，供水系统是非常完善的。最早的公共饮用水系统首推古罗马的公共供水渠，2000 年前的古罗马人有着和现代人同样的想法，每建造一座新城市，古罗马人都建造水渠，引水供应城市，甚至还修建了一条把 62 千米外的泉水引到城里的水渠。

水渠的伟大之处在于其历经千年岿然不动，时至今日，部分水渠仍在发挥作用，令人叹为观止。古罗马人引水造渠是一个工程奇迹，是人类历史上一项宏伟的世界遗产。

河道总是弯曲而行——压力

天然的小溪或河流，尤其是年代悠久者，几乎总是迂回曲折地前进，长距离的笔直河床是极为罕见的。在某些情况下，弯曲程度如此之大，以致河道中断形成“U”形残留河道，即所谓牛轭湖。

河道的弯曲是由于二次流造成的。二次流垂直于水流的方向，它的循环是从外侧顶部流到外侧底部，然后到内侧底部，向上流到内侧顶部，最后再流回外侧顶部。这种二次流冲走外侧河床壁上的泥沙，并把它们沉积在稍向下游的内侧河床壁上。尽管原来的河道可能较直，但是河床中一旦水流速度变快，河道弯曲都会被加强，因此河道就逐渐发生弯曲，以致越弯越甚。

小链接

京杭大运河始建于春秋时期，大运河南起余杭（今杭州），北到涿郡（今北京），全长约 1794 千米，是世界上里程最长、工程最大的古代运河，也是最古老的运河之一。

静力学：托起万物的浮力

“力学之父”阿基米德一生都在研究科学，在多方面都有建树，为人类开启了科学之门。他提出了流体静力学的一个重要原理——浮力定律，奠定了流体静力学的基础。

郑和下西洋

郑和是打开中国到东非航道的第一人，他的航行比哥伦布首航早 87 年，比达·伽马早 93 年，比麦哲伦早 116 年。在没有现代航海技术的古代，郑和能 7 次顺利到达各国，称得上是我国古代航海史上的一项壮举。

郑和下西洋所使用的宝船，采用水密隔舱技术，可以保证船只发生触礁等事故时，船舱不会整体进水，仍能保持相当的浮力，这大大提高了船只的远航安全性能。至今，这项技术仍在世界造船与航运业中发挥着巨大作用。

有孔的降落伞

有一些降落伞，尤其是常规伞兵部队的降落伞，中央往往有一个孔。

这是因为，当空气通过无孔的降落伞的外侧边沿时，会散发出一些涡旋。由于散发涡旋的过程是从一侧到另一侧交替进行的，又由于每个涡旋都使气压减小，致使伞起初在一侧受到较低的气压，以后又在另一侧受到较低的气压，这种低压的交替过程使降落伞发生摆动。如果振动的频率接近降落伞和它的负载的固有频率，就会发生共振，它的摆角可能达到 60°，这种情况是十分危险的。如果在降落伞的中央开孔，就能使空气继续顺着降落伞的中央轴线流动，因而破坏了顶部前涡旋，这样就减少了摆动，可使降落伞平稳地落地。

躲在建筑物背面也不能避风

在严寒的冬季，人们往往都会躲在建筑物的背面作为避风处以挡风寒。但是对于强烈的狂风，这种做法是很不可取的。因为狂风吹来，在向风的一面，风可算是平稳地流动（所谓层流）。但是在背风的一侧，却突然产生涡旋，而涡旋使风成为阵风，风刮得要比向风的一侧厉害得多。

用雪墙挡雪

为了防止雪飘移到附近的公路、铁轨或人行道上，往往可筑一道防雪栅栏，而不是筑一道挡雪墙。这样做有什么好处呢？

一堵实墙对飞雪会产生强烈的涡旋，同时风在高墙前面几十米或数百米处就开始散开，这样就使飞雪过早地转向，很难把雪收拢在墙附近，这就失去了防雪的作用。而栅栏产生的涡旋比较平缓，另外使风的转向作用也更小。如果在这些栅栏产生的涡旋之中，空气的速度小于使雪悬浮所需要的速度，那么雪就会沉积在这道栅栏的下风处。

小链接

航空母舰舰体拥有巨大的甲板和舰岛，是现代海军不可或缺的武器。依靠航空母舰提供的强大后勤保障力量，一个国家可以在远离其国土的区域、在不依靠当地机场的情况下施加军事压力和进行作战。

动力学：向前推进的大手

流体无处不在，流动无处不有。随着经典力学的发展，流体力学依托质量守恒定律、动量守恒定律等也逐步发展起来。直到17世纪，流体学才有了比较清晰的概念，研究也从静力流体学转变为动力流体学。

奇特的弗莱特纳船

1925年，一艘与众不同的船靠两根竖直而旋转的大圆柱体做动力横渡了大西洋。美国国家航空和宇宙航行局也在一架飞机的机翼上加了一个水平方向旋转的圆柱体。为什么要安装可以旋转的圆柱体呢?

原来，当风吹过圆柱体时，根据和飞机机翼的升力相仿的道理，由于空气环流和通过圆柱体的无旋气流叠加的结果，圆柱体便受到发生偏转的水平力（马格纳斯效应）作用，当船的取向适当时，就可使船在水中航行了。

惊险的冲浪运动

冲浪运动是一项以海浪为动力的极限运动，运动量是比较大的。冲浪入门不算是极限运动，不会游泳也可以体验，八九岁的小朋友都是可以体验的。

冲浪运动者为了乘波浪而行，就必须以波速而行，在正常的情况下，深水中的波速比波浪里水的质点的速度大。如果波浪是近乎破碎的，那么水速和波速几乎相等，冲浪者为了不落后于波浪，只需稍稍增加一点速度就可以了。这个附加的速度是由冲浪滑行者在波浪边沿部分的不断下降而产生的。因此，人们为了做冲浪运动，必须选择一处坡度平缓的海滩，因为那里的波浪是碎浪或近乎是碎浪。

海洋中惊人的狂浪

1956年，一艘货船离开赫德拉斯时，船长见到有30米高的海浪。1933年，在北太平洋上航行的一艘美国“拉玛玻号”船上，曾观察到一个估计高达34米的海浪记录。在风平浪静的海面行船是相对比较安全的，但天气无常，雷雨大风等恶劣天气也是时有的，巨浪会严重威胁到船员们的生命安全。

海洋中的狂浪是由许多海洋波浪以相同的位相偶然相遇合成而产生的，合成波浪的振幅是许多海洋波浪的振幅之和，这就是狂浪之高的原因。但是，它们不是能在海洋中传播的波浪，它们会很快地消失，因为参加合成的许多波浪都会沿各自的方向以稍有不同的速度离去。

鸟成“V”形队列飞行

候鸟在漫长迁徙的征途上长时间地飞行时，常排成各种规则的队形，同步地扑动着它们的翅膀结伴而行。譬如说，以“V”形队列飞行，这种习性有什么道理吗？从空气动力学的角度来看，当一只鸟的两翼向下压时，迫使鸟翼外的气流上升，这上升的气流尾随于鸟后。排成“V”形队列，可使前一只鸟后面的鸟从尾随的上升气流中获得助益。

小链接

水力发电站是利用水位差产生的强大水流所具有的动能进行发电的电站，在水轮机上接上发电机，随着水轮机转动便可发出电来。水力发电就是将水的势能变成机械能，又变成电能的转换过程。

于是，除领头的一只鸟以外，其他的鸟都可以利用前一只鸟留下的上升气流的升力而节约能量，以利于长途持续地飞行。

流体的内摩擦力：牛顿黏性定律

作为站在世界物理学界金字塔尖的男人，牛顿几乎霸屏了整个中学物理课本，流体学也在他的研究之内。1686年，牛顿经过大量的实验研究，提出了著名的“内摩擦定律”——流体的内摩擦力。

难以输送的原油

原油就是石油，作为当今世界最重要的能源之一，其贵重程度是不言而喻的，被称为“黑色金子”。拥有丰富石油矿产的国家，自然也会比较富有。

原油比较黏稠，在常温下呈固态、半固态或黏稠得像皮鞋油一样，进行管道运输时，管道中的原油由于摩擦阻力的存在，而限制了原油在管道中的流动，必须采用特殊的方法将原油高效地输送出去。科学家们发明了管道减阻剂，降低了管道中的阻力，提高了原油的输送效率。

流沙

在影视作品中，常会看到人被流沙吞没的镜头，让人不免心生畏惧。一旦陷入流沙中，内心的恐慌会导致动作慌乱，越慌乱越挣扎，来自四面八方的压力就会变为吸力，加速把人向下拉扯。

无论是在沙漠，还是在海滩上，我们踩在坚实的沙地上，不用担心流沙的存在。但湖泊或河谷的附近、森林或海滩常出现湿流沙，水将每一粒沙子充分包裹，让沙粒与沙粒之间不再直接接触，是名副其实的流沙池。而有湿流沙，就有干流沙。在沙漠中，狂风将沙子吹起，空气与沙粒充分混合，沙暴后落地形成一个蓬松的区域，就形成了干流沙池。

高尔夫球表面不是光滑的

早期的高尔夫球的表面都是光滑的，后来在打球的过程中发现，一些有疤斑的球比光滑的球行程更远。

经过仔细研究发现，飞起的高尔夫球前后两边之间存在压强差，还有空气与球面之间的摩擦力。对于光滑的球面来说，球上的空气边界层尚未到达球的后部就分离了。过早的分离使空气产生一些涡旋，因而使球后部的压强小于前部的压强，这种压强差使球减速。而粗糙的表面延长了边界层的分离，结果，球后部的压强减小得比较少，由于前后之间的压强差较小，因而压强差所造成的阻力也较小。所以，表面不光滑的高尔夫球的行程较远。

冰壶比赛要拼命擦冰面

冰壶是一项冬奥会比赛项目，被喻为冰上的“国际象棋”。双方运动员为了让更多的冰壶靠近圆心，会想尽办法把对方的冰壶挤出圈。冰壶比赛时，我们常看到运动员“擦地板”的动作，这对运动员来说叫“扫冰”。原理在于通过快速的摩擦，可以让冰壶场地上的小冰点儿形成一层肉眼难见的水层，这薄薄的一层水可以降低冰壶与冰面之间的摩擦力，使其速度不容易降低，而擦冰位置的不同还可以让冰壶朝着队员设想的方向行进，最终影响壶的停留位置。

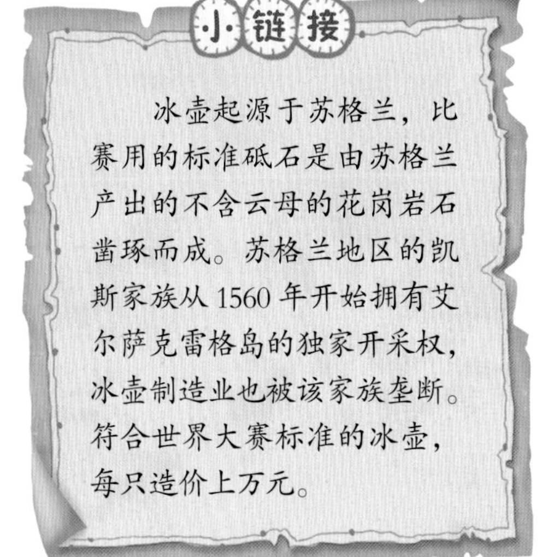

小链接

冰壶起源于苏格兰，比赛用的标准砥石是由苏格兰产出的不含云母的花岗岩石凿琢而成。苏格兰地区的凯斯家族从1560年开始拥有艾尔萨克雷格岛的独家开采权，冰壶制造业也被该家族垄断。符合世界大赛标准的冰壶，每只造价上万元。

管道中的奔跑世界：伯努利效应

管道中的流体争先恐后地奔跑，各流体分子呈你追我赶之势，动力十足。1726年，伯努利通过无数次实验，发现流体速度加快时，物体与流体接触的界面上的压力会减小，反之压力会增大，这一发现被称为“伯努利效应”。

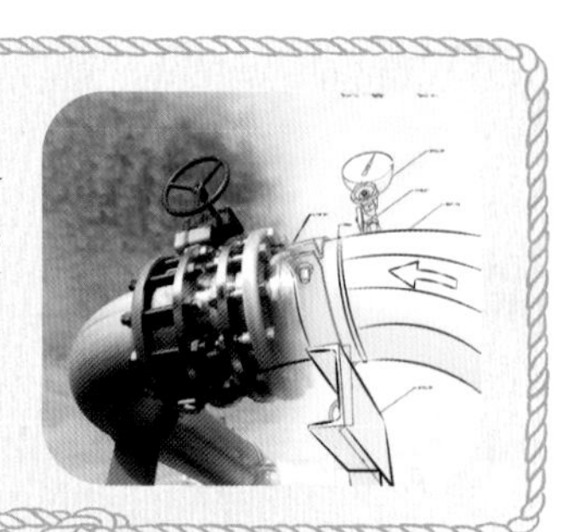

潜水艇不是无限下潜的

超过潜水艇潜入的深度，潜水艇有可能会被压扁。因为液体的压强随深度的增加而增大，潜水艇下潜得越深，受到水的压强越大。如果压强超过潜水艇能承受的最大压强，潜水艇会被压坏，所以潜水艇不能无限下潜。

排水量比较大的战略导弹核潜艇一般不会设计太大的潜航深度，使用技术水平很高的耐压材料，可能会使潜水艇的造价过于昂贵。

通过巴拿马运河要过船闸——压力差

同为世界级运河，为什么巴拿马运河有船闸，而苏伊士运河却没有？原来，巴拿马运河两边的海水高度不一致，原来闸门的内侧是湖泊供给的淡水，而闸门的外侧是海洋的咸水。当闸门两侧的压力相等时，再把闸门打开，由于咸水的密度较淡水大，因此淡水的水面要高于咸水的水面。在水平面转变为等高的过程中，水面较高的淡水流向海洋，轮船便能借水流的作用离开水闸而进入海洋。

船闸的通过能力是有限的，于是许多远洋货轮的尺寸就专门为巴拿马运河量身定制，这样的货轮叫巴拿马级货轮。

体内也存在压力差

医生在测量血压时，常把我们的手臂放到同心脏一样高的位置上。测血压是为了测量血管壁的侧压力，从而判断人体的心脏功能。但是，普通的测血压只能测量上肢或下肢的血压，以此作为心脏根部大动脉的压力，所以要尽可能地减少测量的误差。如果上肢过高或过低，那测得的血压与心脏根部的压力就会存在压力差，测得的结果不够准确。所以，要保证上肢与心脏在同一水平线上，这样会使压力差降至零，尽可能地接近主动脉根部的压力。

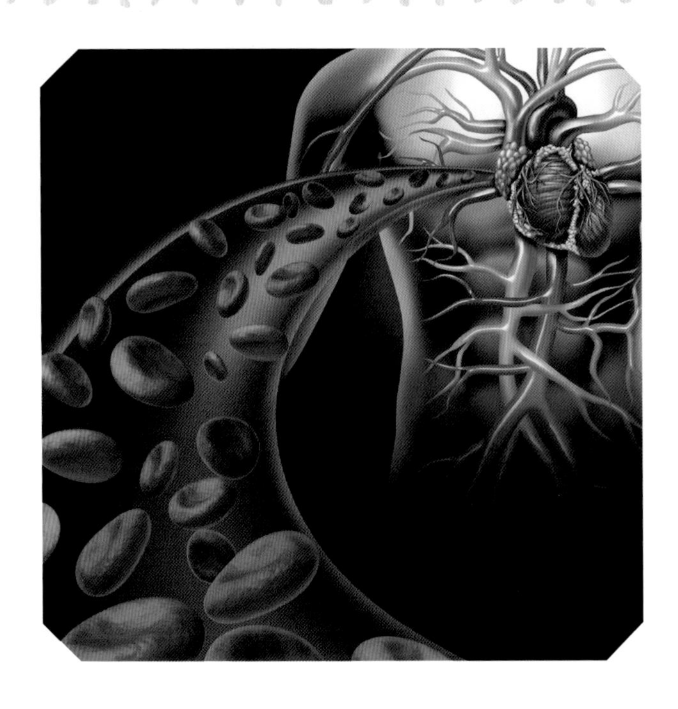

海啸

海啸的速度高达每小时700 ~ 800千米，在几小时内就能横过大洋。其威力可不是海上飙起的水浪能比的。尤其是一些近海边的情况，海啸更是能够形成一个数十米的水墙，超强的海啸掀起几十吨重的海水能瞬间掀翻一艘航母，而且即便不是掀翻，几十吨海水所产生的动能也相当于航母经受了一次饱和打击，威力不亚于对航母进行一次小型核打击。海啸能得到地球第一“破坏王”的称号，是实至名归。

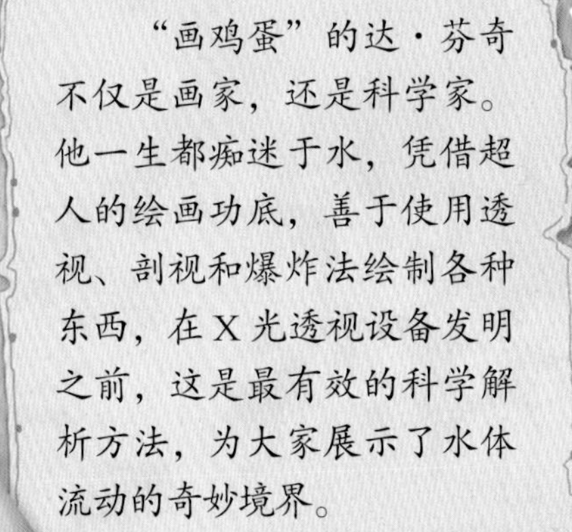

小链接

“画鸡蛋”的达·芬奇不仅是画家，还是科学家。他一生都痴迷于水，凭借超人的绘画功底，善于使用透视、剖视和爆炸法绘制各种东西，在X光透视设备发明之前，这是最有效的科学解析方法，为大家展示了水体流动的奇妙境界。

空气动力学：看不见摸不着的力量

20世纪初，通过研究飞翔器周围的压力分布、受力情况和阻力，一个大胆的设想诞生了，科学家们通过模拟鸟类的仿生学，利用空气的举力，将沉重的飞机托上了天空，促进了航空事业的发展。

鱼群的队形

大小和形态相同的鱼也会以规则的队形“同步而游”，比如鱼群呈扇形排列时，是充分利用了作为向导的鱼所产生的尾流。

当鱼在游动时，它留下来一条涡旋的尾流，这些涡旋交替地出现在鱼的轴线的两侧，向鱼的正后方延伸。当尾随的这条鱼位于轴线的一侧时，它就会处在向前运动的那部分涡旋之中。我们设想两条鱼游在前面，一条鱼尾随在这两条鱼轴线的延伸线之间，那么这条鱼就位于前两条鱼所产生的那部分向前运动的涡旋中。当然，它消耗的能量必然比游在前面的鱼要少。

旗的拍动

旗帜迎风招展，随风拍动是很壮观的。为什么风，甚至是风速不变的风，吹动旗帜会使它产生拍动？假如旗帜完全光滑并且能在风中完全展开，如果在旗的一侧出现一个微小的扰动，这是完全可能发生的事。那么，它就迫使空气稍向外移以便越过这个波纹，气流越过波纹时必须加速，流动较快的空气其压强就小。于是，在旗的两侧会出现不同的气压，气流越过波纹的那一侧气压小，而另一侧气压正常，因此导致波纹增大。波纹还在旗上沿风的方向移动，最后就产生了旗帜的拍动现象。

赛车的队形

在普通汽车的拉力赛中，往往一辆赛车紧跟在另一辆赛车（称为牵引车）的后面鱼贯而行。跟在后面的一辆赛车，处在前一辆赛车所产生的涡流低压区内，又因为气流已被前面的赛车夯开，因而受到的空气阻力较小。当跟在后面的赛车超车时，会突然出现一个加速推力。这是由于流过前面一辆赛车一侧的部分空气流，被迫通过两赛车间较窄的空间而加速，致使压强减小。因而，在后面尾随的汽车受到指向前方的压强差作用，使其在超车的瞬间加速前进。前面的那辆赛车相应地也受到一个向后的作用力。

沙丘的迁移

一般人总以为沙漠上沙丘的移动是漫无规则的。其实不然，沙丘可以在风的作用下进行移动。那风究竟是怎样使沙丘移动的？风把沙丘上迎风面的沙粒吹起来，然后当它吹过下风面时，又让它们落下来，沙子的净运输过程虽然很慢，但会导致沙丘结构向下风向移动。

小链接

空气阻力和滚动阻力一样，汽车只要行驶就必定会存在这几种阻力。从甲壳虫汽车到船型车，再到楔形车，人们总是倾向于使汽车外形朝着阻力更小且兼具美观的方向发展。

近代流体力学发展：爆炸波理论

对喷气动力的研究，使得航空事业得到井喷式发展。随着气体高速流淌的讨论发展逐渐加速，流体力学又发展了许多分支。

飞镖超音速飞机

飞镖超音速飞机是由美国研发的一款可侧向飞行的超音速概念飞机，其机身的形状很像日本的忍者飞镖的菱形。超音速飞机，顾名思义，飞机速度比音速还要快，而音速在 1 个标准大气压和 15℃的条件下约为 340 米 / 秒。

飞机有两种飞行模式，在起飞至亚音速飞行之前，飞机以两个较长的尖角作为机翼。而当达到超音速飞行时，飞机将进行“旋转”，让那对长度较短的“尖角”作为机翼，而之前的长机翼已经成为机头与机尾。目的就是减少空气阻力，在高空持续高速飞行。

地球内部的“火药桶”

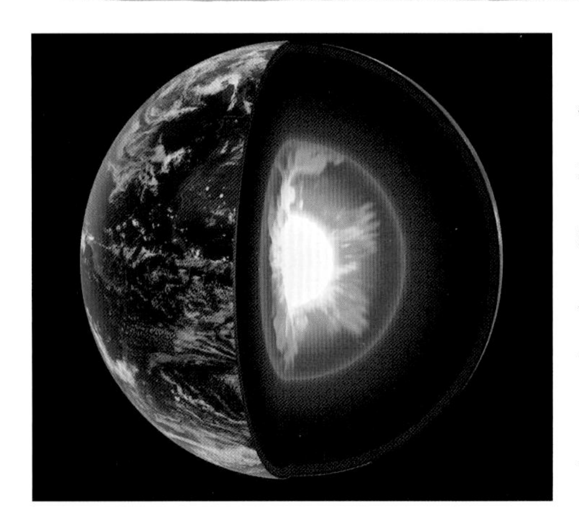

火山爆发是自然界最恐怖的天灾之一，炽热的岩浆在极大的压力下突破地壳，红色岩浆如泉水般喷涌而出，火山喷发的“名场面”危险与震撼并存。火山爆发会抛出大量的火山碎屑和火山灰，它们会掩埋房屋、破坏建筑，危及生命。

火山迸发出来的岩浆主要来源于上地幔的软流层，那里温度高达 1300℃，压力约数千个大气压，是地球内部的流体，也是地下隐藏着的一个巨大的“火药桶”。

流体影响地震

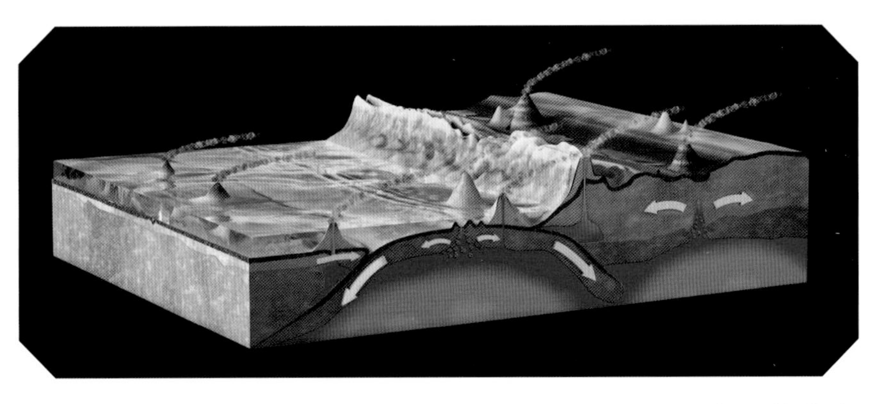

地球上每年约发生500多万次地震，即每天要发生上万次地震。其中绝大多数太小或太远，以至于人们感觉不到。地震属于自然灾害，由于地壳运动频繁，造成了地动山摇的地震。中国地震局地质研究所发现，地壳中存在流体，研究这些流体的运动，可以帮助我们更好地认识地震活动。科学家们希望控制流体活动，以减少地震灾害的发生。

飞机在高原起飞比较困难

通常情况下飞机在高原地区起飞，会出现动力不足的情况，这并不是因为发动机技术落后。大家都知道，飞机的“飞”是依靠空气动力学，因为高原地区空气比较稀薄，因此气流无法在机翼下方形成一定的流速，飞机起飞就成了大问题。另外，高原海拔高，空气中含氧量低，导致发动机燃油燃烧不充分，发动机的功率会下降40%左右，飞机的动力不足，也使得飞机起飞困难。

对此民航局对航空公司提出了更高的要求，对飞机的标准也更严格。为适应高原地形，在飞机起飞时获得更大的动力，会采取各种办法，比如加长飞机跑道、提高发动机燃烧效率等。

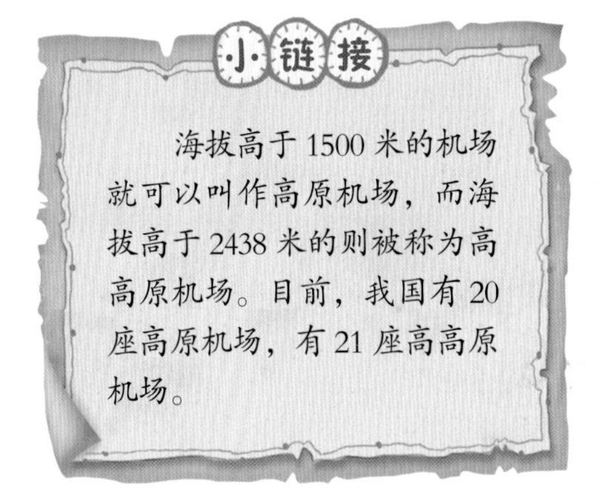

海拔高于1500米的机场就可以叫作高原机场，而海拔高于2438米的则被称为高高原机场。目前，我国有20座高原机场，有21座高高原机场。

波浪和旋风

有许多日常物理现象，错综复杂，绝不是用物理学上的简单原理所能解释清楚的。比如有风天气里的海洋上的波浪；以及轮船在航行的时候，从船头撒向平静的水里的波浪；海岸边的细沙排列得像波浪。要懂得这些以及其他类似的现象，必须懂得液体和气体的涡流的特点。

液体常见的运动叫作涡流，即液体在管道里并不沿直线流动，而是呈许多漩涡状从管壁流向管轴，这种运动叫作湍流。一种液体在一定粗细的管子里流动速度达到一定大小的时候，即达到所谓临界速度的时候，总会有涡流发生的。在河底附近形成的涡流会带动轻沙，使河底出现沙“波”。同样的沙波也可以在波浪所能淹到的海边沙岸上看到。如果靠近水底的水流是平静的，那么海底的沙面就会是平滑的了。

空气里也会产生涡流，当空气沿着水面运动时，在出现空气涡流处形成旋风，由于空气压力已经降低，水就会升高，形成波浪。我们经常见到旋风从地面上卷起尘土、杂草等轻小物体，这就是沿地面出现了空气涡流的缘故。

在多风季节，屋顶容易被狂风掀翻。这是由于空气的涡流在屋顶上方造成了一个空气稀薄的低压区域。屋顶下面的空气为了平衡这个压力，就向上顶，结果就把屋顶掀起来，酿成了悲剧。

当温度和湿度都不相同的两个气团彼此贴着流过的时候，每一个气团里都会发生涡流，也大半是这个原因，因此在天空中便出现了奇形怪状、变幻莫测的云。

物理大事记

WU LI DA SHI JI

公元前

约公元前 6 世纪，泰勒斯记述了摩擦后的琥珀吸引轻小物体和磁石吸铁的现象。

公元前 6 世纪，《管子》中总结和声规律。阐述标准调音频率，具体记载三分损益法。

约公元前 5 世纪，《考工记》中记述了滚动摩擦、斜面运动、惯性浮力等现象。

公元前 5 世纪，德谟克利特提出万物由原子组成。

公元前 4 世纪，亚里士多德在其所著《物理学》中总结了若干观察到的事实和实际的经验。

公元前 3 世纪，欧几里得论述光的直线传播和反射定律。

公元前 3 世纪，阿基米德发明阿基米德螺旋等机械，发现杠杆原理和浮力定律。

1—1600年

2 世纪，托勒密发现大气折射。张衡创制地动仪，创制浑天仪。

5 世纪，祖冲之改造指南车。

8 世纪，唐代人王冰记载并探讨了大气压力现象。

15 世纪，达·芬奇设计了大量机械，发明温度计和风力计，最早研究永动机不可能问题。

16 世纪，诺曼发现磁倾角。

1583 年，伽利略做单摆实验。

1601—1800年

1620 年，斯涅耳从实验归纳出光的反射和折射定律。

1643 年，托里拆利做大气压实验。

1646 年，帕斯卡用实验验证大气压的存在，并证明了大气压随高度变化。

1654 年，格里凯做马德堡半球实验。

1662 年，波义耳实验发现波义耳定律，14 年后，马略特也独立地发现此定律。

1666 年，牛顿用三棱镜做色散实验。

1669 年，巴塞林纳斯发现光通过方解石时产生双折射现象。

1675 年，牛顿做牛顿环实验。

1752 年，富兰克林做风筝实验，引天电到地面。

1780 年，伽尔瓦尼发现蛙腿肌肉收缩现象。

1785 年，库仑从扭秤实验得出静电力的平方反比定律。

1787 年，查理通过实验发现气体膨胀的经验定律。

1790 年，皮克泰特做热辐射实验。

1798 年，卡文迪许用扭秤法测定万有引力常数。

1798 年，伦福德发表关于钻炮筒时的摩擦生热实验，是反对热质说的重要依据。

1799 年，戴维做真空中两块冰相互摩擦而融解为水的实验，证明热是一种运动。

1800 年，赫歇尔在太阳光谱中发现红外线。

1801—1900年

1801 年，里特在太阳光谱中发现紫外线及其化学作用。

1801 年，托马斯·杨用干涉法测光波波长。

1808 年，马吕斯发现光的偏振现象。

1815 年，夫琅和费用分光镜研究太阳光谱中的暗线。

1820 年，奥斯特发现电流的磁效应。

1820 年，毕奥和萨伐尔由实验归纳出电流元的磁场定律。

1820 年，安培由实验发现电流元之间的相互作用。

1822 年，提出安培定律。

1821 年，塞贝克发现温差电效应。

1826 年，欧姆确立欧姆定律。

1827 年，布朗观察到液体中悬浮微粒的无规则运动，即布朗运动。

1831 年，法拉第发现电磁感应现象。

1832 年，亨利发现自感现象。

1840 年，焦耳发现电流的热效应定律，其后多次测量热功当量。

1849 年，斐索用转动齿轮法首次在地面上测定光速。

1850 年，傅科用旋转镜法测定光速。

1851 年，傅科做傅科摆实验，证明地球自转。

1856 年，韦伯等人用实验探究真空中的光速。

1858 年，普吕克在放电管中发现阴极射线。

1859 年，基尔霍夫提出每一元素都有其特征光谱线，开创光谱分析。

1866 年，孔特做孔特管实验，用以测量气体或固体中的声速。

1869 年，希特夫用磁场使阴极射线偏转。

1871 年，瓦莱发现阴极射线带负电。

1875 年，克尔发现在强电场的作用下，某些各向同性的透明介质会变为各向异性，从而使光产生双折射现象，称克尔电光效应。

1879 年，斯特藩发现黑体辐射能量与绝对温度的关系的经验公式。

1879 年，霍尔发现电流在磁场的作用下产生横向电动势的效应，即霍尔效应。

1880 年，居里兄弟发现晶体的压电效应。

1881 年，迈克尔逊首次做以太漂移实验，得零结果。

1888 年，厄沃用实验证明惯性质量和引力质量相等。

1895 年，伦琴发现 X 射线。

1896 年，贝克勒尔发现放射性。

1896 年，塞曼发现磁场能使光谱线分裂，证实了洛仑兹电子论的推测。

1897 年，汤姆逊测定了阴极射线粒子的荷质比，从而确定了电子的存在。

1898 年，居里夫妇发现放射性元素镭和钋。

1899 年，列别捷夫实验证实光压存在。

1900 年，维拉德发现 γ 射线。

1901年以后

1901 年，考夫曼发现电子质量随速度变化。

1902 年，勒纳德进行光电效应实验，归纳出光电效应的经验定律。

1906—1917 年，密立根测单个电子电荷值，实验方法进行三次改革。

1909 年，盖革和马斯顿进行 α 粒子轰击金属箔实验，观察到 α 粒子的大角度散射现象。

1911 年，昂内斯发现低温下金属的超导现象。

1911 年，赫斯发现宇宙射线。

1912 年，劳厄等进行 X 射线衍射实验，证实 X 射线的波动性。

1913 年，斯塔克发现原子光谱在电场作用下的分裂现象。

1913 年，布拉格及其子使 X 光从晶体反射的实验成功。

1914 年，弗兰克和赫兹证实了量子能级间的跃迁，支持玻尔原子模型理论。

1915 年，爱因斯坦与德哈斯首次测量回转磁效应。

1919 年，卢瑟福用 α 粒子轰击氮原子核，首次实现人工核反应。

1921 年，斯特恩利用原子束在不均匀磁场中的偏转，测定原子的磁矩。

1923 年，康普顿在 X 射线散射实验中发现波长改变。

1927 年，戴维逊进行电子散射实验，发现了电子衍射。

1928 年，拉曼等发现散射光的频率变化。

1932 年，查德威克发现中子。

1932 年，安德森从宇宙射线中发现正电子。

1934 年，约里奥 – 居里夫妇发现人工放射性。

1936 年，安德森等人发现 μ 介子。

1938 年，哈恩发现铀裂变。卡皮察实验证实氦的超流动性。

1955 年，张伯伦与西格雷发现反质子。

1956 年，西格雷和皮奇奥尼发现了反中子。

1956 年，吴健雄等用实验验证了李政道和杨振宁提出的在弱相互作用下宇称不守恒的理论。